U0288598

陈从周（1918—2000），原名郁文，字从周，书房名梓室，自称梓翁，生于浙江杭州，祖籍绍兴。著名古建筑学家、园林艺术家，能诗善画，亦精昆曲，博学多识，才艺非凡。曾任同济大学教授，并担任中国园林学会顾问、中国建筑学会建筑史委员会副主任、美国贝聿铭建筑设计事务所顾问等职。主要著作有《苏州园林》《说园》《扬州园林》《中国园林》《园林谈丛》《梓室馀墨》《书带集》等。

陈馨，陈从周之女。现在法国北方高等商学院（EDHEC）任教。

园林清话

陈从周 著　陈馨 选编

中华书局

图书在版编目(CIP)数据

园林清话/陈从周著;陈馨选编. —北京:中华书局,2017.5
(2018.4 重印)
ISBN 978 – 7 – 101 – 11882 – 7

Ⅰ.园…　Ⅱ.①陈…②陈…　Ⅲ.园林艺术 – 中国 – 文集
Ⅳ.TU986.62 – 53

中国版本图书馆 CIP 数据核字(2016)第 126079 号

书　　　名	园林清话
著　　　者	陈从周
选 编 者	陈　馨
责 任 编 辑	胡正娟
出 版 发 行	中华书局
	(北京市丰台区太平桥西里 38 号　100073)
	http://www.zhbc.com.cn
	E – mail:zhbc@ zhbc.com.cn
印　　　刷	北京瑞古冠中印刷厂
版　　　次	2017 年 5 月北京第 1 版
	2018 年 4 月北京第 2 次印刷
规　　　格	开本/880×1230 毫米　1/32
	印张 8½　插页 2　字数 180 千字
印　　　数	8001 – 14000 册
国 际 书 号	ISBN 978 – 7 – 101 – 11882 – 7
定　　　价	42.00 元

目 录

说　园

　　我国造园具有悠久的历史，在世界园林中树立着独特风格，自来学者从各方面进行分析研究，各抒高见。如今就我在接触园林中所见闻掇拾到的，提出来谈谈，姑名《说园》。

　　园有静观、动观之分，这一点我们在造园之先，首要考虑。何谓静观，就是园中予游者多驻足的观赏点；动观就是要有较长的游览线。二者说来，小园应以静观为主，动观为辅。庭院专主静观。大园则以动观为主，静观为辅。前者如苏州网师园，后者则苏州拙政园差可似之。人们进入网师园宜坐宜留之建筑多，绕池一周，有槛前细数游鱼，有亭中待月迎风，而轩外花影移墙，峰峦当窗，宛然如画，静中生趣。至于拙政园径缘池转，廊引人随，与"日午画船桥下过，衣香人影太匆匆"的瘦西湖相仿佛，妙在移步换影，这是动观。立意在先，文循意出。动静之分，有关园林性质与园林面积大小。像上海正在建造的盆景园，则宜以静观为主，即为一例。

　　中国园林是由建筑、山水、花木等组合而成的一个综合艺术品，富有诗情画意。叠山理水要造成"虽由人作，宛自天开"

的境界。山与水的关系究竟如何呢？简言之，范山模水，用局部之景而非缩小（网师园水池仿虎丘白莲池，极妙），处理原则悉符画本。山贵有脉，水贵有源，脉源贯通，全园生动。我曾经用"水随山转，山因水活"与"溪水因山成曲折，山蹊（路）随地作低平"来说明山水之间的关系，也就是从真山真水中所得到的启示。明末清初叠山家张南垣主张用平冈小陂、陵阜陂阪，也就是要使园林山水接近自然。如果我们能初步理解这个道理，就不至于离自然太远，多少能呈现水石交融的美妙境界。

中国园林的树木栽植，不仅为了绿化，且要具有画意。窗外花树一角，即折枝尺幅；山间古树三五，幽篁一丛，乃模拟《枯木竹石图》。重姿态，不讲品种，和盆栽一样，能"入画"。拙政园的枫杨、网师园的古柏，都是一园之胜，左右大局，如果这些饶有画意的古木去了，一园景色顿减。树木品种又多有特色，如苏州留园原多白皮松、怡园多松、梅，沧浪亭满种箸竹，各具风貌。可是近年来没有注意这个问题，品种搞乱了，各园个性渐少，似要引以为戒。宋人郭熙说得好："山以水为血脉，以草为毛发，以烟云为神采。"草尚如此，何况树木呢！我总觉得一个地方的园林应该有那个地方的植物特色，并且土生土长的树木存活率大，成长得快，几年可茂然成林。它与植物园有别，是以观赏为主，而非以种多斗奇。要能做到"园以景胜，景因园异"，那真是不容易。这当然也包括花卉在内。同中求不同，不同中求同，我国园林是各具风格的。古代园林在这方面下过功夫，虽亭台楼阁，山石水池，而能做到风花雪月，光景常新。我们民族在欣赏艺术上存乎一种特性，花木重姿态、音乐重旋律、书画重笔意等，都表现了要用水磨功夫，才能达到耐看耐听，经得起细细的推敲，蕴藉有余味。在民族形式的探讨上，这些似乎对我们有所启发。

园林景物有仰观、俯观之别，在处理上亦应区别对待。楼阁掩映，山石森严，曲水湾环，都存乎此理。"小红桥外小红亭，小红亭畔，高柳万蝉声。""绿杨影里，海棠亭畔，红杏梢头。"这些词句不但写出园景层次，有空间感和声感，同时高柳、杏梢又都把人们视线引向仰观。文学家最敏感，我们造园者应向他们学习。至于"一丘藏曲折，缓步百跻攀"，则又皆留心俯视所致。因此园林建筑物的顶，假山的脚，水口，树梢，都不能草率从事，要着意安排。山际安亭，水边留矶，是能引人仰观、俯观的方法。

我国名胜也好，园林也好，为什么能这样勾引无数中外游人，百看不厌呢？风景洵美，固然是重要原因，但还有个重要因素，即其中有文化、有历史。我曾提过风景区或园林有文物古迹，可丰富其文化内容，使游人产生更多的兴会、联想，不仅仅是到此一游、吃饭喝水而已。文物与风景区园林相结合，文物赖以保存，园林借以丰富多彩，两者相辅相成，不矛盾而统一。这样才能体现出一个有古今文化的社会主义中国园林。

中国园林妙在含蓄，一山一石耐人寻味。立峰是一种抽象雕刻品，美人峰细看才像。九狮山亦然。鸳鸯厅的前后梁架，形式不同，不说不明白，一说才恍然大悟，竟寓鸳鸯之意。奈何今天有许多好心肠的人，唯恐游者不了解，水池中装了人工大鱼，熊猫馆前站着泥塑熊猫，如做着大广告，与"含蓄"两字背道而驰，失去了中国园林的精神所在，真太煞风景。鱼要隐现方妙，熊猫馆以竹林引胜，渐入佳境，游者反多增趣味。过去有些园名如寒碧山庄（留园）①、梅园、网师园，都可顾名思义，园内的特色是白皮松、梅、水。尽人皆知的西湖十景，更是佳例。亭榭之额真是赏景的说明书，拙政园的荷风四面亭，人临其境即无荷风，亦觉风在其中，发人遐思。而联对文辞之隽永、书法之美妙，要令人一唱三叹，徘徊不已。镇江焦山顶的别峰庵，为郑板桥读书处，小斋三间，一庭花树，门联写着"室雅无须大；花香不在多"，游者见到，顿觉心怀舒畅，亲切地感到景物宜人，博得人人称好，游罢个个传诵。至于匾额，有砖刻、石刻，联屏有板对、竹对、板屏、大理石屏，外加石刻书条石，皆少用画面，比具体的形象来得曲折耐味。其所以不用装裱的屏联，因园林建筑多敞口，有损纸质，额对露天者用砖石，室内者用竹木，皆因地制宜而安排。住宅之厅堂斋室，悬挂装裱字画，可增加内部光线及音响效果，使居者有明朗清静之感，有与无，情况大不相同。当时宣纸规格、装裱大小皆有一定，乃根据建筑尺度而定。

园林中曲与直是相对的，要曲中寓直，灵活应用，曲直自如。画家讲画树，要无一笔不曲，斯理至当。曲桥、曲径、曲廊，本来在交通意义上，是由一点到另一点而设置的。园林中

---

① 见刘蓉峰（恕）《寒碧山庄记》："予因而葺之，拮据五年，粗有就绪。以其中多植白皮松，故名寒碧庄。罗致太湖石颇多，皆无甚奇，乃于虎阜之阴砂碛中获见一石笋，广不满二尺，长几二丈。询之土人，俗呼为斧劈石，盖川产也。不知何人攀至卧于此间，亦不知历几何年。予以百觚艎载归，峙于寒碧庄听雨楼之西。自下而窥，有干霄之势，因以为名。"此隶书石刻残碑，我于一九七五年十二月发现，今存留园。

两侧都有风景，随直曲折一下，使行者左右顾盼有景，信步其间使距程延长，趣味加深。由此可见，曲本直生，重在曲折有度。有些曲桥，定要九曲，既不临水面（园林桥一般要低于两岸，有凌波之意），生硬屈曲，行桥宛若受刑，其因在于不明此理（上海豫园前九曲桥即坏例）。

造园在选地后，就要因地制宜，突出重点，作为此园之特征，表达出预想的境界。北京圆明园，我说它是"因水成景，借景西山"，园内景物皆因水而筑，招西山入园，终成"万园之园"。无锡寄畅园为山麓园，景物皆面山而构，纳园外山景于园内。网师园以水为中心，殿春簃一院虽无水，西南角凿冷泉，贯通全园水脉，有此一眼，绝处逢生，终不脱题。新建东部，设计上既背固有设计原则，且复无水，遂成僵局，是事先对全园未作周密的分析，不加思索而造成的。

园之佳者如诗之绝句，词之小令，皆以少胜多，有不尽之意，寥寥几句，弦外之音犹绕梁间（大园总有不周之处，正如长歌慢调，难以一气呵成）。我说园外有园，景外有景，即包括在此意之内。园外有景妙在"借"，景外有景在于"时"，花影、树影、云影、水影、风声、水声、鸟语、花香，无形之景，有形之景，交响成曲。所谓诗情画意盎然而生，与此有密切关系。（参见本书《建筑中的"借景"问题》）

万顷之园难以紧凑，数亩之园难以宽绰。紧凑不觉其大，游无倦意，宽绰不觉局促，览之有物，故以静、动观园，有缩地扩基之妙。而大胆落墨，小心收拾（画家语），更为要谛，使宽处可容走马，密处难以藏针（书家语）。故颐和园有烟波浩渺之昆明湖，复有深居山间的谐趣园，于此可悟消息。造园有法而无式，在于人们的巧妙运用其规律。计成所说的"因借（因地制宜，借景）"，就是法。《园冶》一书终未列式。能做到园有大小之分，有静观、动观之别，有郊园、市园之异等等，各臻其妙，方称"得体"（体宜）。中国画的兰竹看来极简单，画家能各具一格；古典折子戏，亦复喜看，每个演员演来不同，就是各有独到之处。造园之理与此理相通。如果定一式使学者死守之，奉为经典，则如画谱之有《芥子园》，文章之有"八股"一样。苏州网师园是公认为小园极则，所谓"少而精，以少胜多"。其设计原则很简单，运用了假山与建筑相对而互相更换的一个原则（苏州园林基本上用此法。网师园东部新建反其道，终于未能成功），无旱船、大桥、大山，建筑物尺度略小，数量适可而止，亭亭当当，像个小园格局。反之，狮子林增添了大船，与水面不称，不伦不类，就是不"得体"。清代汪春田重葺文园有诗："换却花篱补石阑，改园更比改诗难。果能字字吟来稳，小有亭台亦耐看。"说得透彻极了，到今天读起此诗，对造园工作者来说，还是十分亲切的。

园林中的大小是相对的，不是绝对的，无大便无小，无小也无大。园林空间越分隔，感到越大，越有变化，以有限面积，造无限的空间，因此大园包小园，即基此理（大湖包小湖，如西湖三潭印月）。此例极多，几成为造园的重要处理方法。佳者如拙政园之枇杷园、海棠坞、颐和园的谐趣园等，都能达到很高的艺术效果。如果入门便觉是个大园，内部空旷平淡，令人望而生畏，即入园亦未能游遍全园，故园林不起游兴是失败的。

如果景物有特点，委宛多姿，游之不足，下次再来，风景区也好，园林也好，不要使人一次游尽，留待多次有何不好呢？我很惋惜很多名胜地点，为了扩大空间，更希望能一览无余，甚至于希望能一日游或半日游，一次观完，下次莫来，将许多古名胜园林的围墙拆去，大是大了，得到的是空，西湖平湖秋月、西泠印社都有这样的后果。西泠饭店造了高层，葛岭矮小了一半。扬州瘦西湖妙在"瘦"字，今后不准备在其旁建造高层建筑，是有远见的。本来瘦西湖风景区是一个私家园林群（扬州城内的花园巷，同为私家园林群，一用水路交通，一用陆上交通），其妙在各园依水而筑，独立成园，既分又合，隔院楼台，红杏出墙，历历倒影，宛若图画。虽瘦而不觉寒酸，反窈窕多姿。今天感到美中不足的，似觉不够紧凑，主要建筑物少一些，分隔不够。在以后的修建中，这个原来瘦西湖的特征，还应该保留下来。拙政园将东园与之合并，大则大矣，原来部分益现局促，而东园辽阔，游人无兴，几成为过道。分之两利，合之两伤。

本来中国木构建筑，在体形上有其个性与局限性，殿是殿，厅是厅，亭是亭，各具体例，皆有一定的尺度，不能超越，画虎不成反类犬，放大缩小各有范畴。平面使用不够，可几个建筑相连，如清真寺礼拜殿用勾连搭的方法相连，或几座建筑缀以廊庑，成为一组。拙政园东部将亭子放大了，既非阁，又不像亭，人们看不惯，有很多意见。相反，瘦西湖五亭桥与白塔是模仿北京北海大桥、五龙亭及白塔，因为地位不够大，将桥与亭合为一体，形成五亭桥，白塔体形亦相应缩小，这样与湖面相称了，形成了瘦西湖的特征，不能不称佳构，如果不加分析，难以辨出它是一个北海景物的缩影，做得十分"得体"。

远山无脚，远树无根，远舟无身（只见帆），这是画理，亦造园之理。园林的每个观赏点，看来皆一幅幅不同的画，要深远而有层次。"常倚曲阑贪看水，不安四壁怕遮山。"如能懂得这些道理，宜掩者掩之，宜屏者屏之，宜敞者敞之，宜隔者隔之，宜分者分之，等等，见其片断，不逞全形，图外有画，咫尺千里，余味无穷。再具体点说：建亭须略低山巅，植树不宜峰尖，山露脚而不露顶，露顶而不露脚，大树见梢不见根，见根不见梢之类。但是运用上却细致而费推敲，小至一树的修剪、片石的移动，都要影响风景的构图。真是一枝之差，全园败景。拙政园玉兰堂后的古树枯死，今虽补植，终失旧貌。留园曲溪楼前有同样的遭遇。至此深深体会到，造园困难，管园亦不易，一个好的园林管理者，他不但要考查园的历史，更应知道园的艺术特征，等于一个优秀的护士对病人作周密细致的了解。尤其重点文物保护单位，更不能鲁莽从事，非经文物主管单位同意，须照原样修复，不得擅自更改，否则不但破坏园林风格，且有损文物，关系到党的文物政策问题。

郊园多野趣，宅园贵清新。野趣接近自然，清新不落常套。无锡蠡园为庸俗无野趣之例，网师园属清新典范。前者虽大，好评无多；后者虽小，赞辞不已。至此可证园不在大而在精，方称艺术上品。此点不仅在风格上有轩轾，就是细至装修陈设皆有异同。园林装修同样强调因地制宜，敞口建筑重线条轮廓，玲珑出之，不用精细的挂落装修，因易损伤；家具以石凳、石桌、砖面桌之类，以古朴为主。厅堂轩斋有门窗者，则配精细的装修。其家具亦为红木、紫檀、楠木、花梨所制，配套陈设，夏用藤棚椅面，冬加椅披椅垫，以应不同季节的需要。但亦须根据建筑物的华丽与雅素，分别作不同的处理，华丽者用红木、紫檀，雅素者用楠木、花梨；其雕刻之繁简亦同样对待。家具俗称"屋肚肠"，其重要可知，园缺家具，即胸无点墨，水平高下自在其中。过去网师园的家具陈设下过大工夫，确实做到相当高的水平，使游者更全面地领会我国园林艺术。

古代园林张灯夜游是一件大事，屡见诗文，但张灯是盛会，许多名贵之灯是临时悬挂的，张后即移藏，非永久固定于一地。灯也是园林一部分，其品类与悬挂亦如屏联一样，皆有定格，大小形式各具特征。现在有些园林为了适应夜游，都装上电灯，往往破坏园林风格，正如宜兴善卷洞一样，五色缤纷，宛若餐厅，几不知其为洞穴，要还我自然。苏州狮子林在亭的戗角头装灯，甚是触目。对古代建筑也好，园林也好，名胜也好，应该审慎一些，不协调的东西少强加于它。我以为照明灯应隐，装饰灯宜显，形式要与建筑协调。至于装挂地位，敞口建筑与封闭建筑有别，有些灯玲珑精巧不适用于空廊者，挂上去随风摇曳，有如塔铃，灯且易损，不可妄挂。而电线电杆更应注意，既有害园景，且阻视线，对拍照人来说，真是有苦说不出。凡兹琐琐，虽多陈音俗套，难免絮聒之讥，似无关大局，然精益求精，繁荣文化，愚者之得，聊资参考！

一九七八年春应上海植物园所请的讲话稿整理而成，载《同济大学学报》（建筑版）一九七八年第二期

续说园

　　造园一名构园，重在构字，含意至深。深在思致，妙在情趣，非仅土木绿化之事。杜甫《陪郑广文游何将军山林十首》、《重过何氏五首》，一路写来，园中有景，景中有人，人与景合，景因人异。吟得与构园息息相通，"名园依绿水，野竹上青霄"，"绿垂风折笋，红绽雨肥梅"，园中景也。"兴移无洒扫，随意坐莓苔"，"石阑斜点笔，桐叶坐题诗"，景中人也。有此境界，方可悟构园神理。

　　风花雪月，客观存在，构园者能招之即来，听我驱使，则境界自出。苏州网师园，有亭名"月到风来"，临池西向，有粉墙若屏，正撷此景精华，风月为我所有矣。西湖三潭印月，如无潭则景不存，谓之点景。画龙点睛，破壁而出，其理自同。有时一景"相看好处无一言"，必藉之以题辞，辞出而景生。《红楼梦》"大观园试才题对额"一回（第十七回），描写大观园工程告竣，各处亭台楼阁要题对额，说："若大景致，若干亭榭，无字标题，任是花柳山水，也断不能生色。"由此可见题辞是起"点景"之作用。题辞必须流连光景，细心揣摩，谓之"寻景"。

清人江弢叔有诗云："我要寻诗定是痴，诗来寻我却难辞。今朝又被诗寻着，满眼溪山独去时。""寻景"达到这一境界，题辞才显神来之笔。

我国古代造园，大都以建筑物为开路。私家园林，必先造花厅，然后布置树石，往往边筑边拆，边拆边改，翻工多次，而后妥帖。沈元禄记猗园谓："奠一园之体势者，莫如堂；据一园之形胜者，莫如山。"盖园以建筑为主，树石为辅，树石为建筑之联缀物也。今则不然，往往先凿池铺路，主体建筑反落其后，一园未成，辄动万金，而游人尚无栖身之处，主次倒置，遂成空园。至于绿化，有些园林、风景区、名胜古迹，砍老木，栽新树，俨若苗圃，美其名为"以园养园"，亦悖常理。

园既有"寻景"，又有"引景"。何谓"引景"，即点景引人。西湖雷峰塔圮后，南山之景全虚。景有情则显，情之源来于人。"芳草有情，斜阳无语，雁横南浦，人倚西楼。"无楼便无人，无人即无情，无情亦无景，此景关键在楼。证此可见建筑物之于园林及风景区的重要性了。

前人安排景色，皆有设想，其与具体环境不能分隔，始有独到之笔。西湖满觉陇一径通幽，数峰环抱，故配以桂丛，香溢不散，而泉流淙淙，山气霏霏，花滋而馥郁，宜其秋日赏桂，游人信步盘桓，流连忘返。闻今已开公路，宽道扬尘，此景顿败。至于小园植树，其具芬芳者，皆宜围墙。而芭蕉分翠，忌风碎叶，故栽于墙根屋角；牡丹香花，向阳斯盛，须植于主厅之南，此说明植物种植，有藏有露之别。

盆栽之妙在小中见大。"栽来小树连盆活，缩得群峰入座青"，乃见巧虑。今则越放越大，无异置大象于金丝鸟笼。盆栽三要：一本，二盆，三架，缺一不可。宜静观，须孤赏。

我国古代园林多封闭，以有限面积，造无限空间，故"空灵"二字，为造园之要谛。花木重姿态，山石贵丘壑，以少胜多，须概括、提炼。曾记一戏台联："三五步，行遍天下；六七人，雄会万师。"演剧如此，造园亦然。

白皮松独步中国园林，因其体形松秀，株干古拙，虽少年已是成人之概。杨柳亦宜装点园林，古人诗词中屡见不鲜，且有以"万柳"名园者。但江南园林则罕见之，因柳宜濒水，植之宜三五成行，叶重枝密，如帷如幄，少透漏之致，一般小园，不能相称。而北国园林，面积较大，高柳侵云，长条拂水，柔情万千，别饶风姿，为园林生色不少。故具体事物必具体分析，不能强求一律。有谓南方园林不植杨柳，因蒲柳早衰，为不吉之兆。果若是，则拙政园何来"柳荫路曲"一景呢？

风景区树木，皆有其地方特色。即以松而论，有天目山松、黄山松、泰山松等，因地制宜，以标识各座名山的天然秀色。如今有不少"摩登"园林家，以"洋为中用"来美化祖国河山，用心极苦。即以雪松而论，几如药中之有青霉素，可治百病，全国园林几将遍植。"白门（南京）杨柳可藏鸦"，"绿杨城郭是扬州"，今皆柳老不飞絮，户户有雪松了。泰山原以泰山松独步天下，今在岱庙中也种上雪松，古建筑居然西装革履，无以名之，名之曰"不伦不类"。

园林中亭台楼阁，山石水池，其布局亦各有地方风格，差异特甚。旧时岭南园林，每周以楼，高树深池，阴翳生凉，水殿风来，溽暑顿消，而竹影兰香，时盈客袖，此惟岭南园林得之，故能与他处园林分庭抗衡。

园林中求色，不能以实求之。北国园林，以翠松朱廊衬以蓝天白云，以有色胜。江南园林，小阁临流，粉墙低亚，得万千形象之变。白本非色，而色自生；池水无色，而色最丰。色中求色，不如无色中求色。故园林当于无景处求景，无声处求声，动中求动，不如静中求动。景中有景，园林之大镜、大池也，皆于无景中得之。

小园树宜多落叶，以疏植之，取其空透；大园树宜适当补常绿，则旷处有物。此为以疏救塞，以密补旷之法。落叶树能见四季，常绿树能守岁寒，北国早寒，故多植松柏。

石无定形，山有定法。所谓法者，脉络气势之谓，与画理一也。诗有律而诗亡，词有谱而词衰，汉魏古风、北宋小令，其卓绝处不能以格律绳之者。至于学究咏诗，经生填词，了无性灵，遑论境界。造园之道，消息相通。

假山平处见高低，直中求曲折，大处着眼，小处入手。黄石山起脚易，收顶难；湖石山起脚难，收顶易。黄石山要浑厚中见空灵，湖石山要空灵中寓浑厚。简言之，黄石山失之少变化，湖石山失之太琐碎。石形、石质、石纹、石理，皆有不同，不能一律视之，中存辩证之理。叠黄石山能做到面面有情，多转折；叠湖石山能达到宛转多姿，少做作，此难能者。

叠石重拙难，树古朴之峰尤难，森严石壁更非易致。而石矶、石坡、石磴、石步，正如云林小品，其不经意处，亦即全神最贯注处，非用极大心思，反复推敲，对全景作彻底之分析解剖，然后以轻灵之笔，随意着墨，正如颊上三毛，全神飞动。不经意之处，要格外经意。明代假山，其厚重处，耐人寻味者正在此。清代同光时期假山，欲以巧取胜，反趋纤弱，实则巧夺天工之假山，未有不从重拙中来。黄石之美在于重拙，自然之理也。没有质性，必无佳构。

明代假山，其布局至简，磴道、平台、主峰、洞壑，数事而已，千变万化，其妙在于开合。何以言之？开者山必有分，以涧谷出之，上海豫园大假山佳例也。合者必主峰突兀，层次分明，而山之余脉，石之散点，皆开之法也。故旱假山之山根、散石，水假山之石矶、石濑，其用意一也。明人山水画多简洁，清人山水画多繁琐，其影响两代叠山，不无关系。

明张岱《陶庵梦忆》评仪征汪园三峰石云："余见其弃地下一白石，高一丈、阔二丈而痴，痴妙。一黑石，阔八尺，高丈五而瘦，瘦妙。""痴妙"，"瘦妙"，张岱以"痴"、"瘦"品石，盖寓情在石。清龚自珍品人用"清丑"一辞，移以品石极善。广州园林新点黄蜡石，甚顽。指出"顽"字，可补张岱二妙之不足。

假山有旱园水做之法，如上海嘉定秋霞圃之后部，扬州二分明月楼前部之叠石，皆此例也。园中无水，而利用假山之起伏，平地之低降，两者对比，无水而有池意，故云水做。至于水假山以旱假山法出之，旱假山以水假山法出之，则谬矣。因旱假山之脚与水假山之水口两事也。他若水假山用崖道、石矶、湾头，旱假山不能用；反之旱假山之石根，散点又与水假山者异趣。至于黄石不能以湖石法叠，湖石不能运黄石法，其理更明。总之，观天然之山水，参画理之所示，外师造化，中发心源，举一反三，无往而不胜。

园林有大园包小园，风景有大湖包小湖，西湖三潭印月为后者佳例。明人锺伯敬所撰《梅花墅记》："园于水，水之上下左右，高者为台，深者为室，虚者为亭，曲者为廊，横者为渡，竖者为石，动植者为花鸟，往来者为游人，无非园者。然则人何必各有其园也，身处园中，不知其为园。园之中，各有园，而后知其为园，此人情也。"造园之学，有通哲理，可参证。

园外之景与园内之景，对比成趣，互相呼应，相地之妙，技见于斯。锺伯敬《梅花墅记》又云："大要三吴之水，至甫里（角直）始畅，墅外数武，反不见水，水反在户以内，盖别为暗窦，引水入园。开扉，坦步过杞菊斋……登阁所见，不尽为水，然亭之所跨，廊之所往，桥之所踞，石所卧立，垂杨修竹之所冒映，则皆水也。……从阁上纵目新眺，见廊周于水，墙周于廊，又若有阁亭亭处墙外者。林木荇藻，竟川含绿，染人衣裾，如可承揽，然不可得即至也。……又穿小酉洞，憩招爽亭，苔石啮波，曰锦淙滩。指修廊中隔水外者，竹树表里之，流响交光，分风争日，往往可即，而仓卒莫定其处，姑以廊标之。"文中所述之园，以水为主，而用水有隐有显，有内有外，有抑扬、曲折。而使水归我所用，则以亭、阁、廊等左右之，其造成水旱二层之空间变化者，唯建筑能之。故"园必隔，水必曲"。今日所存水廊，盛称拙政园西部者，而此梅花墅之水犹仿佛似之。知吴中园林渊源相承。

童寯老人曾谓，拙政园"薜苔蔽路，而山池天然，丹青淡剥，反觉逸趣横生"。真小颓风范，丘壑独存，此言园林苍古之境，有胜藻饰。而苏州留园华赡，如七宝楼台拆下不成片段，故稍损易见败状。近时名胜园林，不修则已，一修便过了头。苏州拙政园水池驳岸，本土石相错，如今无寸土可见，宛若满口金牙。无锡寄畅园八音涧失调，顿逊前观，可不慎乎？可不慎乎？

景之显在于"勾勒"。最近应常州之约，共商红梅阁园之布局。我认为园既名红梅阁，当以红梅出之，奈数顷之地遍植红梅，名为梅圃可矣，称园林则不当，且非朝夕所能得之者。我建议园贯以廊，廊外参差植梅，疏影横斜，人行其间，暗香随衣，不以红梅名园，而游者自得梅矣。其景物之妙，在于以廊"勾勒"，处处成图，所谓少可以胜多，小可以见大。

园林密易疏难，绮丽易雅淡难，疏而不失旷，雅淡不流寒酸。拙政园中部两者兼而得之，宜乎自明迄今，誉满江南，但今日修园林未明此理。

古人构园成必题名，皆有托意，非泛泛为之者。清初杨兆鲁营常州近园，其记云："自抱疴归来，于注经堂后买废地六七亩，经营相度，历五年于兹，近似乎园，故题曰近园。"知园名之所自，谦抑称之。忆前年于马鞍山市雨湖公园，见一亭甚劣，尚无名。属我命之，我题为"暂亭"，意在不言中，而人自得之。其与"大观园"、"万柳堂"之类者，适反笔出之。

苏州园林，古典剧之舞台装饰，颇受其影响，但实物与布景不能相提并论。今则见园林建筑又仿舞台装饰者，玲珑剔透，轻巧可举，活像上海城隍庙之"巧玲珑"（纸扎物）。又如画之临摹本，搔首弄姿，无异东施效颦。

漏窗在园林中起"泄景"、"引景"作用，大园景可泄，小园景则宜引不宜泄。拙政园"海棠春坞"，庭院也，其漏窗能引大园之景。反之，苏州怡园不大，园门旁开两大漏窗，顿成败笔，形既不称，景终外暴，无含蓄之美矣。拙政园新建大门，庙堂气太甚，颇近祠宇，其于园林不得体者有若此。同为违反园林设计之原则，如于风景区及名胜古迹之旁，新建建筑往往喧宾夺主，其例甚多。谦虚为美德，尚望甘当配角，博得大家的好评。

"池馆已随人意改，遗篇犹逐水东流，漫盈清泪上高楼。"这是我前几年重到扬州，看到园林被破坏的情景，并怀念已故的梁思成、刘敦桢二前辈而写的几句词句，当时是有感触的。今续为说园，亦有所感而发，但心境各异。

《同济大学学报》一九七九年第四期

说园（三）

　　余既为《说园》、《续说园》，然情之所钟，终难自已，晴窗展纸，再抒鄙见，芜驳之辞，存商求正，以《说园（三）》名之。

　　晋陶渊明（潜）《桃花源记》："中无杂树，芳草鲜美。"此亦风景区花树栽植之卓见，匠心独具。与"采菊东篱下，悠然见南山"句，同为千古绝唱。前者说明桃花宜群植远观，绿茵衬繁花，其景自出；而后者暗示"借景"。虽不言造园，而理自存。

　　看山如玩册页，游山如展手卷；一在景之突出，一在景之联续。所谓静动不同，情趣因异，要之必有我存在，所谓"我见青山多妩媚，料青山见我应如是"。何以得之，有赖于题咏，故画不加题则显俗，景无摩崖（或匾对）则难明，文与艺未能分割也。"云无心以出岫，鸟倦飞而知还。"景之外兼及动态声响。余小游扬州瘦西湖，舍舟登岸，止于小金山月观，信动观以赏月，赖静观以小休，兰香竹影，鸟语桨声，而一抹夕阳，斜照窗棂，香、影、光、声相交织，静中见动，动中寓静，极辩证之理于造园览景之中。

园林造景，有有意得之者，亦有无意得之者，尤以私家小园，地甚局促，往往于无可奈何之处，而以无可奈何之笔化险为夷，终挽全局。苏州留园之华步小筑一角，用砖砌地穴门洞，分隔成狭长小径，得"庭院深深深几许"之趣。

今不能证古，洋不能证中，古今中外自成体系，决不容借尸还魂，不明当时建筑之功能，与设计者之主导思想，以今人之见强与古人相合，谬矣。试观苏州网师园之东墙下，备仆从出入留此便道，如住宅之设"避弄"。与其对面之径山游廊，具极明显之对比，所谓"径莫便于捷，而又莫妙于迂"。可证。因此，评园必究园史，更须熟悉当时之生活，方言之成理。园有一定之观赏路线，正如文章之有起承转合，手卷之有引首、卷本、拖尾，有其不可颠倒之整体性。今苏州拙政园入口处为东部边门，网师园入口处为北部后门，大悖常理。记得《义山杂纂》列人间煞风景事有"松下喝道、看花泪下、苔上铺席、花下晒裈、游春载重、石笋系马、月下把火、背山起楼、果园种菜、花架下养鸡鸭"等等，今余为之增补一条曰"开后门以延游客"，质诸园林管理者以为如何？至于苏州以沧浪亭、狮子林、拙政园、留园号称宋、元、明、清四大名园。留园与拙政园同建于明而同重修于清者，何分列于两代，此又令人不解者。余谓以静观为主之网师园，动观为主之拙政园，苍古之沧浪亭，华赡之留园，合称苏州四大名园，则予游者以易领会园林特征也。

造园如缀文，千变万化，不究全文气势立意，而仅务辞汇叠砌者，能有佳构乎？文贵乎气，气有阳刚阴柔之分，行文如是，造园又何独不然。割裂分散，不成文理，藉一亭一榭以斗胜，正今日所乐道之园林小品也。盖不通乎我国文化之特征，难以言造园之气息也。

南方建筑为棚，多敞口；北方建筑为窝，多封闭。前者原出巢居，后者来自穴处。故以敞口之建筑，配茂林修竹之景。园林之始，于此萌芽。园林以空灵为主，建筑亦起同样作用，故北国园林终逊南中。盖建筑以多门窗为胜，以封闭出之，少透漏之妙。而居人之室，更须有亲切之感，"众鸟欣有托，吾亦爱吾庐"，正咏此也。

小园若斗室之悬一二名画，宜静观。大园则如美术展览会之集大成，宜动观。故前者必含蓄耐人寻味，而后者设无吸引人之重点，必平淡无奇。园之功能因时代而变，造景亦有所异，名称亦随之不同，故以小公园、大公园（公园之"公"，系指私园而言）名之，解放前则可，今似多商榷，我曾建议是否皆须冠公字。今南通易狼山公园为北麓园，苏州易城东公园为东园，开封易汴京公园为汴园，似得风气之先。至于市园、郊园、平地园、山麓园，各具环境地势之特征，亦不能以等同之法设计之。

整修前人园林，每多不明立意。余谓对旧园有"复园"与"改园"二议。设若名园，必细征文献图集，使之复原，否则以己意为之，等于改园。正如装裱古画，其缺笔处，必以原画之笔法与设色续之，以成全璧。如用戈裕良之叠山法续明人之假山，与以"四王"之笔法接石涛之山水，顿异旧观，真愧对古人，有损文物矣。若一般园林，颓败已极，残山剩水，犹可资用，以今人之意修改，亦无不可，姑名之曰"改园"。

我国盆栽之产生，与建筑具有密切之关系，古代住宅以院落天井组合而成，周以楼廊或墙垣，空间狭小，阳光较少，故吴下人家每以寸石尺树布置小景，点缀其间，往往见天不见日，或初阳煦照，一瞬即过，要皆能适植物之性，保持一定之温度与阳光，物赖以生，景供人观，东坡诗所谓："微雨止还作，小窗幽更妍。空庭不受日，草木自苍然。"最能得此神理。盖生活所需之必然产物，亦穷则思变，变则能通。所谓"适者生存"。今以开畅大园，置数以百计之盆栽。或置盈丈之乔木于巨盆中，此之谓大而无当。而风大日烈，蒸发过大，难保存活，亦未深究盆景之道而盲为也。

华丽之园难简，雅淡之园难深。简以救俗，深以补淡，笔简意浓，画少气壮。如晏殊诗："梨花院落溶溶月，柳絮池塘淡淡风。"艳而不俗，淡而有味，是为上品。皇家园林，过于繁缛，私家园林，往往寒俭，物质条件所限也。无过无不及，得乎其中。须割爱者能忍痛，须添补者无吝色。即下笔千钧反复推敲，闺秀之画能脱脂粉气，释道之画能脱蔬笋气，少见者。刚以柔出，柔以刚现。扮书生而无穷酸相，演将帅而具台阁气，皆难能也。造园之理，与一切艺术，无不息息相通。故余曾谓明代之园林，与当时之文学、艺术、戏曲，同一思想感情，而以不同形式出现之。

能品园，方能造园，眼高手随之而高，未有不辨乎味能著食谱者。故造园一端，主其事者，学养之功，必超乎实际工作者。计成云："三分匠七分主人。"言主其事者之重要，非污蔑工人之谓。今以此而批判计氏，实尚未读通计氏《园冶》也。讨论学术，扣以政治帽子，此风当不致再长矣。

假假真真，真真假假。《红楼梦》大观园假中有真，真中有假，是虚构，亦有作者曾见之实物，又参有作者之虚构。其所以迷惑读者正在此。故假山如真方妙，真山似假便奇；真人如造像，造像似真人，其捉弄人者又在此。造园之道，要在能"悟"，有终身事其业，而不解斯理者正多，甚矣！造园之难哉。园中立峰，亦存假中寓真之理，在品题欣赏上以感情悟物，且进而达人格化。

文学艺术作品言意境，造园亦言意境。王国维《人间词话》所谓境界也。对象不同，表达之方法亦异，故诗有诗境，词有词境，曲有曲境。"曲径通幽处，禅房花木深。"诗境也。"梦后楼台高锁，酒醒帘幕低垂。"词境也。"枯藤老树昏鸦，小桥流水人家。"曲境也。意境因情景不同而异，其与园林所现意境亦然。园林之诗情画意即诗与画之境界在实际景物中出现之，统名之曰"意境"。"景露则境界小，景隐则境界大。""引水须随势，栽松不趁行。""亭台到处皆临水，屋宇虽多不碍山。""几个楼台游不尽，一条流水乱相缠。"此虽古人咏景说画之辞，造园之法适同，能为此，则意境自出。

园林叠山理水，不能分割言之，亦不可以定式论之，山与水相辅相成，变化万方。山无泉而若有，水无石而意存，自然高下，山水仿佛其中。昔苏州铁瓶巷顾宅艮庵前一区，得此消息。江南园林叠山，每以粉墙衬托，益觉山石紧凑峥嵘，此粉墙画本也。若墙不存，则如一丘乱石，故今日以大园叠山，未见佳构者正在此。画中之笔墨，即造园之水石，有骨有肉，方称上品。石涛（道济）画之所以冠世，在于有骨有肉，笔墨俱备。板桥（郑燮）学石涛，有骨而无肉，重笔而少墨。盖板桥以书家作画，正如工程家构园，终少韵味。

建筑物在风景区或园林之布置，皆因地制宜，但主体建筑始终维持其南北东西平直方向。斯理甚简，而学者未明者正多。镇江金山、焦山、北固山三处之寺，布局各殊，风格终异。金山以寺包山，立体交通。焦山以山包寺，院落区分。北固山以寺镇山，雄踞其巅。故同临长江，取景亦各览其胜。金山宜远眺，焦山在平览，而北固山在俯瞰。皆能对观上着眼，于建筑物布置上用力，各臻其美，学见乎斯。

山不在高，贵有层次。水不在深，妙于曲折。峰岭之胜，在于深秀。江南常熟虞山、无锡惠山、苏州上方山、镇江南郊诸山，皆多此特征。泰山之能为五岳之首者，就山水言之，以其有山有水。黄山非不美，终鲜巨瀑，设无烟云之出没，此山亦未能有今日之盛名。

风景区之路，宜曲不宜直，小径多于主道，则景幽而客散，使有景可寻、可游。有泉可听，有石可留，吟想其间，所谓"入山惟恐不深，入林惟恐不密"。山须登，可小立顾盼，故古时皆用磴道，亦符人类两足直立之本意，今易以斜坡，行路自危，与登之理相背。更以筑公路之法而修游山道，致使丘壑破坏，漫山扬尘，而游者集于道与飙轮争途，拥挤可知，难言山屐之雅兴。西湖烟霞洞本由小径登山，今汽车达巅，其情无异平地之灵隐飞来峰前，真是"豁然开朗"，拍手叫好，从何处话烟霞矣。闻西湖诸山拟一日之汽车游程可毕，如是，西湖将越来越小。此与风景区延长游览线之主旨相背，似欠明智。游览与赶程，含义不同，游览宜缓，赶程宜速，今则适正倒置。孤立之山筑登山盘旋道，难见佳境，极易似毒蛇之绕颈，将整个之山数段分割，无耸翠之姿，峻高之态。证以西湖玉皇山与福州鼓山二道，可见轩轾。后者因山势重叠，故能掩拙。名山筑路，千万慎重，如经破坏，景物一去不复返矣。千古功罪，待人评定。至于入山旧道，切宜保存，缓步登临，自有游客。泉者，山眼也。今若干著名风景地，泉眼已破，终难再活。趵突无声，九溪渐涸，此事非可等闲视之。开山断脉，打井汲泉，工程建设未与风景规划相配合，元气大伤，徒唤奈何。楼者，透也。园林造楼必空透。"画栋朝飞南浦云，珠帘暮卷西山雨。"境界可见。松者，鬆也。枝不能多，叶不能密，才见姿态。而刚柔互用，方见效果，杨柳必存老干，竹林必露嫩梢，皆反笔出之。今西湖白堤之柳，尽易新苗，老树无一存者，顿失前观。"全部肃清，彻底换班"，岂可用于治园耶？

风景区多茶室，必多厕所，后者实难处理，宜隐蔽之。今厕所皆饰以漏窗，宛若"园林小品"。余曾戏为打油诗："我为漏窗频叫屈，而今花样上茅房"（我一九五三年刊《漏窗》一书，其罪在我）之句。漏景功能泄景，厕所有何景可泄？曾见某处新建厕所，漏窗盈壁，其左刻石为"香泉"，其右刻石为"龙飞凤舞"，见者失笑。鄙意游览大风景区宜设茶室，以解游人之渴。至于范围小之游览区，若西湖西泠印社、苏州网师园，似可不必设置茶室，占用楼堂空间。而大型园林茶室，有如宾馆餐厅，亦未见有佳构者，主次未分，本末倒置。如今风景区以园林倾向商店化，似乎游人游览就是采购物品。宜乎古刹成庙会，名园皆市肆，则"东篱为市井，有辱黄花矣"。园林局将成为商业局，此名之曰"不务正业"。

浙中叠山重技而少艺，以洞见长，山类皆孤立，其佳者有杭州元宝街胡宅、学官巷吴宅、孤山文澜阁等处，皆尚能以水佐之。降及晚近，以平地叠山，中置一洞，上覆一平台，极简陋。此浙之东阳匠师所为。彼等非专攻叠山，原为水作之工，杭人称为阴沟匠者，鱼目混珠，以诈不识者。后因"洞多不吉"，遂易为小山花台。此入民国后之状也。从前叠山，有苏帮、宁（南京）帮、扬帮、金华帮、上海帮（后出，为宁苏之混合体）。而南宋以后著名叠山师，则来自吴兴、苏州。吴兴称山匠，苏州称花园子。浙中又称假山师或叠山师，扬州称石匠，上海（旧松江府）称山师，名称不一。云间（松江）名手张涟、张然父子，人称张石匠，名动公卿间，张涟父子流寓京师，其后人承其业，即山子张也。要之，太湖流域所叠山，自成体系，而宁扬又自一格，所谓苏北系统，其与浙东匠师皆各立门户，但总有高下之分。其下者就石论石，心存叠字，遑论相石选石，更不谈石之纹理，专攻"五日一洞，十日一山"，摹拟真状，以大缩小，实假戏真做，有类儿戏矣。故云叠山者，艺术也。

鉴定假山，何者为原构，何者为重修，应注意留心山之脚、洞之底，因低处不易毁坏，如一经重叠，新旧判然。再细审灰缝，详审石理，必渐能分晓，盖石缝有新旧，胶合品成分亦各异，石之包浆，斧凿痕迹，在在可佐证也。苏州留园，清嘉庆间刘氏重补者，以湖石接黄石，更判然明矣。而旧假山类多山石紧凑相挤，重在垫塞，功在平衡，一经拆动，涣然难收陈局。佳作必拼合自然，曲具画理，缩地有法，观其局部，复察全局，反复推敲，结论遂出。

近人但言上海豫园之盛，却未言明代潘氏宅之情况，宅与园仅隔一巷耳。潘宅在今园东安仁街梧桐路一带，旧时称安仁里。据叶梦珠《阅世编》所记："建第规模，甲于海上，面昭雕墙，宏开峻宇，重轩复道，几于朱邸，后楼悉以楠木为之，楼上皆施砖砌，登楼与平地无异。涂金染采，丹垩雕刻，极工作之巧。"以此建筑结构，证豫园当日之规模，甚相称也。惜今已荡然无存。

清初画家恽寿平（南田）《瓯香馆集》卷十二："壬戌八月，客吴门拙政园，秋雨长林，致有爽气，独坐南轩，望隔岸横冈，叠石峻嶒，下临清池，硐路盘纡，上多高槐、桂、柳、桧、柏，虬枝挺然，迥出林表，绕堤皆芙蓉，红翠相间，俯视澄明，游鳞可数，使人悠然有濠濮闲趣。自南轩过艳雪亭，渡红桥而北，傍横岗，循硐道，山麓尽处，有堤通小阜，林木翳如，池上为湛华楼，与隔水回廊相望，此一园最胜地也。"南轩为倚玉轩，艳雪亭似为荷风四面亭，红桥即曲桥。湛华楼以地位观之，即见山楼所在，隔水回廊，与柳阴路曲一带，出入亦不大。以画人之笔，记名园之景，修复者能悟此境界，固属高手。但"此歌能有几人知"，徒唤奈何！保园不易，修园更难。不修则已，一修惊人。余再重申研究园史之重要，以为此篇殿焉。曩岁叶恭绰先生赠余一联："洛阳名园（记），扬州画舫（录）；武林遗事，日下旧闻（考）。"以四部园林古迹之书目相勉，则余今日之所作，又岂徒然哉！

一九八〇年五月完稿于镇江宾舍

说园（四）

一年漫游，触景殊多，情随事迁，遂有所感，试以管见论之，见仁见智，各取所需。书生谈兵，容无补于事实，存商而已。因续前三篇，故以《说园（四）》名之。

造园之学，主其事者须自出己见，以坚定之立意，出宛转之构思。成者誉之，败者贬之。无我之园，即无生命之园。

水为陆之眼，陆多之地要保水；水多之区要疏水。因水成景，复利用水以改善环境与气候。江村湖泽，荷塘菱沼，蟹簖渔庄，水上产物不减良田，既增收入，又可点景。王渔洋诗云："江干多是钓人居，柳陌菱塘一带疏。好是日斜风定后，半江红树卖鲈鱼。"神韵天然，最自依人。

旧时城墙，垂杨夹道，杜若连汀，雉堞参差，隐约在望，建筑之美与天然之美交响成曲。王士禛诗又云："绿杨城郭是扬州"，今已拆，此景不可再得矣。故城市特征，首在山川地貌，而花木特色，实占一地风光。成都之为蓉城，福州之为榕城，皆予游者以深刻之印象。

恽寿平论画："青绿重色，为浓厚易，为浅淡难，为浅淡易，而愈见浓厚为尤难。"造园之道正亦如斯，所谓实处求虚，虚中得实，淡而不薄，厚而不滞，存天趣也。今经营风景区园事者，破坏真山，乱堆假山，堵却清流，另置喷泉，抛却天然而好作伪。大好泉石，随意改观。如无喷泉，未是名园者。明末钱澄之记黄檗山居（在桐城之龙眠山），论及"吴中人好堆假山以相夸诩，而笑吾乡园亭之陋。予应之曰：吾乡有真山水，何以假为，惟任真，故失诸陋。洵不若吴人之工于作伪耳"。又论此园："彼此位置，各不相师，而各臻其妙，则有真山水为之质耳。"此论妙在拈出一个"质"字。

山林之美，贵于自然，自然者存真而已。建筑物起"点景"作用，其与园林似有所别，所谓锦上添花，花终不能压锦也。宾馆之作，在于栖息小休，宜着眼于周围有幽静之境，能信步盘桓，游目骋怀，故室内外空间并互相呼应，以资流通，晨餐朝晖，夕枕落霞，坐卧其间，小中可以见大。反之高楼镇山，汽车环居，喇叭彻耳，好鸟惊飞。俯视下界，豆人寸屋，大中见小，渺不足观，以城市之建筑夺山林之野趣，徒令景色受损，游者扫兴而已。丘壑平如砥，高楼塞天地，此几成为目前旅游风景区所习见者，闻更有欲消灭山间民居之举，诚不知民居为风景区之组成部分，点缀其间，楚楚可人，古代山水画中每多见之。余客瑞士，日内瓦山间民居，窗明几净，予游客以难忘之情。我认为风景区之建筑，宜隐不宜显，宜散不宜聚，宜低不宜高，宜麓（山麓）不宜顶（山顶），须变化多，朴素中有情趣，要随宜安排，巧于因借，存民居之风格，则小院曲户，粉墙花影，自多情趣。游者生活其间，可以独处，可以留客，"城市山林"，两得其宜。明末张岱在《陶庵梦忆》中记范长白园（即苏州天平山之高义园）云："园外有长堤，桃柳曲桥，蟠屈湖面，桥尽抵园，园门故作低小，进门则长廊复壁，直达山麓，其缀楼幔阁、秘室曲房，故匿之，不使人见也。"又毛大可《彤史拾遗记》记崇祯所宠之贵妃，扬州人，"尝厌宫闱过高迥，崇杠大牖，所居不适意，乃就廊房为低槛曲楯，蔽以敞槅，杂采扬州诸什器，床罩供设其中"。以证余创山居宾舍之议不谬。

园林与建筑之空间，隔则深，畅则浅，斯理甚明，故假山、廊、桥、花墙、屏、幕、槅扇、书架、博古架等，皆起隔之作用。旧时卧室用帐，碧纱橱，亦起同样效果。日本居住之室小，席地而卧，以纸槅小屏分之，皆属此理。今西湖宾馆、餐厅，往往高大如宫殿，近建孤山楼外楼，体量且超颐和园之排云殿，不如易名太和楼则更名副其实矣。太和殿尚有屏隔之，有柱分之，而今日之大餐厅几等体育馆。风景区因往往建造一大宴会厅，开石劈山，有如兴建营房，真劳民伤财，遑论风景之存不存矣。旧时园林，有东西花厅之设，未闻有大花厅之举。大宾馆，大餐厅，大壁画，大盆景，大花瓶，大……以大为尚，真是如是如是，善哉善哉！

不到苏州，一年有奇，名园胜迹，时萦梦寐。近得友人王西野先生来信，谓："虎丘东麓就东山庙遗址，正在营建'盆景园'，规模之大，无与伦比。按，东山庙为王珣祠堂，亦称短簿祠，因珣身材短小，曾为主簿，后人戏称'短簿'。清汪琬诗：'家临绿水长洲苑，人在青山短簿祠。'陈鹏年诗：'春风再扫生公石，落照仍衔短簿祠。'怀古情深，写景入画，传诵于世，今堆叠黄石大假山一座，天然景色，破坏无余。盖虎丘一小阜耳，能与天下名山争胜，以其寺里藏山，小中见大，剑池石壁，浅中见深，历代名流题咏殆遍，为之增色。今在真山面前堆假山，小题大做，弄巧成拙，足下见之，亦当扼腕太息，徒呼负工也。"此说与鄙见合，恐主其事者，不征文献，不谙古迹名胜之史实，并有一"大"字在脑中作怪也。

风景区之经营，不仅安排景色宜人，而气候亦须宜人。今则往往重景观，而忽视局部小气候之保持，景成而气候变矣。七月间到西湖，园林局邀游金沙港，初夏傍晚，余热未消，信步入林，溽暑全无，水佩风裳，几入仙境，而流水淙淙，绿竹猗猗，隔湖南山如黛，烟波出没，浅淡如水墨轻描，正有"独笑薰风更多事，强教西子舞霓裳"之概。我本湖上人家，却从未享此清福，若能保持此与外界气候不同之清凉世界，即该景区规划设计之立意所在。一旦破坏，虽五步一楼，十步一阁，亦属虚设，盖悖造园之理也。金沙港应属水泽园，故建筑、桥梁等均宜贴水、依水、映带左右，而茂林修竹，清风自引，气候凉爽，绿云摇曳，荷香轻溢，野趣横生。"茅黄亭子小楼台，料理溪山煞费才。"能配以凉馆竹阁，益显西子淡妆之美，保此湖上消夏一地，他日待我杖屦其境，从容可作小休。

吴江同里镇，江南水乡之著者，镇环四流，户户相望，家家隔河，因水成街，因水成市，因水成园。任氏退思园于江南园林中独辟蹊径，具贴水园之特例。山、亭、馆、廊、轩、榭等皆紧贴水面，园如出水上。其与苏州网师园诸景依水而筑者，予人以不同景观。前者贴水，后者依水。所谓依水者，因假山与建筑物等皆环水而筑，惟与水之关系尚有高下远近之别，遂成贴水园与依水园两种格局。皆以因水制宜，其巧妙构思则又有所别，设计运思，于此可得消息。余谓大园宜依水，小园重贴水，而最关键者则在水位之高低。我国园林用水，以静止为主，清许周生筑园杭州，名"鉴止水斋"，命意在此，原出我国哲学思想，体现静以悟动之辩证观点。

水曲因岸，水隔因堤，移花得蝶，卖石绕云，因势利导，自成佳趣。山容水色，善在经营。中小城市有山水能凭藉者，能做到有山皆是园，无水不成景，城因景异，方是妙构。

济南珍珠泉，天下名泉也。水清浮珠，澄澈晶莹。余曾于朝曦中饮露观泉，爽气沁人，境界明静。奈何重临其地，已异前观，黄石大山，狰狞骇人，高楼环压，其势逼人，杜甫咏《望岳》"会当凌绝顶，一览众山小"之句，不意于此得之。山小楼大，山低楼高，溪小桥大，溪浅桥高。汽车行于山侧，飞轮扬尘，如此大观，真可说是不古不今，不中不西，不伦不类。造园之道，可不慎乎？

反之，潍坊十笏园，园甚小，故以十笏名之（笏为上朝时所持手板），清水一池，山廊围之，轩榭浮波，极轻灵有致。触景成咏："老去江湖兴未阑，园林佳处说般般。亭台虽小情无限，别有缠绵水石间。"北国小园，能饶水石之胜者，以此为最。

泰山有十八盘，盘盘有景，景随人移，气象万千，至南天门，群山俯于脚下，齐鲁青青，千里未了，壮观也。自古帝王，登山封禅，翠辇临幸，高山仰止。如易缆车，匆匆而来，匆匆而去，景游与货运无异。而破坏山景，固不待言，实不解登十八盘参玉皇顶而小天下宏旨。余尝谓旅与游之关系。旅须速，游宜缓，相背行事，有负名山。缆车非不可用，宜于旅，不宜于游也。

名山之麓，不可以环楼、建厂，盖断山之余脉矣。此种恶例，在在可见。新游南京燕子矶、栖霞寺，人不到景点，不知前有景区，序幕之曲，遂成绝响，主角独唱，鸦噪聒耳。所览之景，未允环顾，燕子矶仅临水一面尚可观外，余则黑云滚滚，势袭长江，坐石矶戏为打油诗："燕子燕子，何不高飞，久栖于斯，坐以待毙。"旧时胜地，不可不来，亦不可再来。山麓既不允建高楼、工厂，而低平建筑却不能缺少，点缀其间，景深自幽，层次增多，亦远山无脚之处理手法。

近年风景名胜之区，与工业矿藏矛盾日益尖锐。取蛋杀鸡之事，屡见不鲜，如南京正在开幕府山矿石，取栖霞山银矿。以有烟工厂而破坏无烟工厂，以取之可尽之资源，而竭取之不尽之资源，最后两败俱伤，同归于尽。应从长远观点来看，权衡轻重，深望主其事者却莫等闲视之。古迹之处应以古为主，不协调之建筑万不能移入。杭州北高峰、南京鼓楼之电视塔，真是触目惊心。在此等问题上，应明确风景区应以风景为主。名胜古迹，应以名胜古迹为主，其他一切不能强加其上。否则，大好河山，祖国文化，将损毁殆尽矣。

唐代白居易守杭州，浚西湖筑白沙堤，未闻其围垦造田。宋代苏轼因之，清代阮元继武前贤，千百年来，人颂其德，建苏白二公祠于孤山之阳。郁达夫有"堤柳而今尚姓苏"之句美之。城市兴衰，善择其要而谋之，西湖为杭州之命脉，西湖失即杭州衰。今日定杭州为旅游风景城市，即基于此。至于城市面貌亦不能孤立处理，务使山水生妍，相映增生。沿钱塘江诸山，应以修整，襟江带湖，实为杭州最胜处。古迹之区，树木栽植，亦必心存"古"字，南京清凉山，门额颜曰"六朝遗迹"，入其内雪松夹道，岂六朝时即植此树耶？古迹新妆，洋为中用，解我朵颐。古迹之修复，非仅建筑一端而已，其环境气氛，陈设之得体，在在有史可据。否则何言古迹，言名胜足矣。"无情最是台城柳，依旧烟笼十里堤。"此意谁知。近人常以个人之爱喜，强加于古人之上。蒲松龄故居，藻饰有如地主庄园，此老如在，将不认其书生陋室。今已逐渐改观，初复原状，诚佳事也。

园林不在乎饰新，而在于保养；树木不在于添种，而在于修整。山必古，水必疏，草木华滋，好鸟时鸣，四时之景，无不可爱。园林设市肆，非其所宜，主次务必分明。园林建筑必功能与形式相结合，古时造园，一亭一榭，几曲回廊，皆据实际需要出发，不多筑，不虚构，如作诗行文，无废词赘句。学问之道，息息相通。今之园思考欠周，亦如文之推敲不够。园所以兴游，文所以达意。故余谓绝句难吟，小园难筑，其理一也。

王时敏《乐郊园分业记》："……适云间张南垣至，其巧艺直夺天工，怂恿为山甚力……因而穿池种树，标峰置岭，庚申（清康熙十九年，即一六八〇年）经始，中间改作者再四，凡数年而成，磴道盘纡，广池澹滟，周遮竹树蓊郁，浑若天成，而凉台邃阁，位置随宜，卉木轩窗，参错掩映，颇极林壑台榭之美。"以张南垣（涟）之高技，其营园改作者再四，益证造园施工之重要，间亦必需要之翻工修改。必须留有余地。凡观名园，先论神气，再辨时代，此与鉴定古物，其法一也。然园林未有不经修者，故先观全局，次审局部，不论神气，单求枝节，谓之舍本求末，难得定论。

巨山大川，古迹名园，首在神气。五岳之所以为天下名山，亦在于"神气"之旺，今规划风景，不解"神气"，必至庸俗低级，有污山灵。尝见江浙诸洞，每以自然抽象之山石，改成恶俗之形象，故余屡申"还我自然"。此仅一端，人或尚能解之者，他若大起华厦，畅开公路，空悬索道，高树电塔，凡兹种种，山水神气之劲敌也，务必审慎，偶一不当，千古之罪人矣。

园林因地方不同，气候不同，而特征亦不同。园林有其个性，更有其地方性，故产生园林风格，也因之而异，即使同一地区，亦有市园、郊园、平地园、山麓园等之别。园与园之间亦不能强求一致，而各地文化艺术、风土人情、树木品异、山水特征等等，皆能使园变化万千，如何运用，各臻其妙者，在于设计者之运思。故言造园之学，其识不可不广，其思不可不深。

恽寿平论画又云："潇洒风流谓之韵，尽变奇穷谓之趣。"不独画然，造园置景，亦可互参。今之造园，点景贪多，便少韵致。布局贪大，便少佳趣。韵乃自书卷中得来，趣必从个性中表现。一年游踪所及，评量得失，如此而已。

一九八一年十月十日写成于同济大学建筑系

说园（五）

《说园》首篇余既阐造园动观静观之说，意有未尽，续畅论之。动、静二字，本相对而言，有动必有静，有静必有动，然而在园林景观中，静寓动中，动由静出，其变化之多，造景之妙，层出不穷，所谓通其变，遂成天地之文。若静坐亭中，行云流水，鸟飞花落，皆动也。舟游人行，而山石树木，则又静止者。止水静，游鱼动，静动交织，自成佳趣。故以静观动，以动观静则景出。"万物静观皆自得；四时佳景与人同。"事物之变概乎其中。若园林无水，无云，无影，无声，无朝晖，无夕阳，则无以言天趣，虚者实所倚也。

静之物，动亦存焉。坐对石峰，透漏俱备，而皴法之明快，线条之飞俊，虽静犹动。水面似静，涟漪自动。画面似静，动态自现。静之物若无生意，即无动态。故动观静观，实造园产生效果之最关键处，明乎此则景观之理初解矣。

质感存真，色感呈伪，园林得真趣，质感居首，建筑之佳者，亦同斯理。真则存神，假则失之，园林失真，有如布景，书画失真，则同印刷。故画栋雕梁，徒炫眼目，竹篱茅舍，引人遐思。《红楼梦》"大观园试才题对额"一回，曹雪芹借宝玉之口，评稻香村之作伪云："此处置一田庄，分明是人力造作而成，远无邻村，近不负郭，背山无脉，临水无源，高无隐寺之塔，下无通市之桥，峭然孤出，似非大观，那及先数处（指潇湘馆）有自然之理，得自然之趣呢？虽种竹引泉，亦不伤穿凿。古人云'天然图画'四字，正恐非其地而强为其地，非其山而强为其山，即百般精巧，终非相宜。"所谓"人力造作"，所谓"穿凿"者，伪也。所谓"有自然之理，得自然之趣"者，真也。借小说以说园，可抵一篇造园论也。

郭熙谓"水以石为面"、"水得山而媚"，自来模水范山，未有孤立言之者。其得山水之理，会心乎此，则左右逢源，要之此二语，表面观之似水石相对，实则水必赖石以变，无石则水无形，无态，故浅水露矶，深水列岛。广东肇庆七星岩，岩奇而水美，矶濑隐现波面，而水洞幽深，水湾曲折，水之变化无穷，若无水，则岩不显，岸无形，故两者决不能分割而论，分则悖自然之理，亦失真矣。

一园之特征，山水相依，凿池引水，尤为重要。苏南之园，其池多曲，其境柔和。宁绍之园，其池多方，其景平直，故水本无形。因岸成之，平直也好，曲折也好，水口堤岸皆构成水面形态之重要手法。至于水柔水刚，水止水流，亦皆受堤岸以左右之。石清得阴柔之妙，石顽得阳刚之健。浑朴之石，其状在拙；奇突之峰，其态在变，而丑石在诸品中尤为难得，以其更富有个性，丑中寓美也。石固有刚柔美丑之别，而水亦有奔放宛转之致，是皆因石而起变。

荒园非不可游，残篇非不可看，要知佳者虽零锦碎玉亦是珍品，犹能予人留恋，存其真耳。龚自珍诗云："未济终焉心飘渺，万事都从缺陷好。吟到夕阳山外山，世间谁免余情绕。"造园亦必通此消息。

"春见山容，夏见山气，秋见山情，冬见山骨。""夜山低，晴山近，晓山高。"前人之论，实寓情观景，以见四时之变，造景自难，观景不易，"泪眼问花花不语"，痴也。"解释春风无限恨"，怨也。故游必有情，然后有兴，钟情山水，知己泉石，其审美与感受之深浅，实与文化修养有关。故我重申不能品园，不能游园；不能游园，不能造园。

造园，综合性科学也，且包含哲理，观万变于其中。浅言之，以无形之诗情画意，构有形之水石亭台。晦明风雨，又皆能促使其景物变化无穷，而南北地理之殊，风土人情之异，更加因素增多。且人游其间，功能各取所需，绝不能以幻想代替真实，故造园脱离功能，固无佳构，研究古园而不明当时社会及生活，妄加分析，正如汉儒释经，转多穿凿，因此古今之园，必不能陈陈相因，而丰富之生活，渊博之知识，要皆有助于斯。

一景之美，画家可以不同笔法表现之，文学家可以各种不同角度描写之。演员运腔，各抒其妙，哪宗哪派，自存面貌。故同一园林，可以不同手法设计之。皆由观察之深，提炼之精，特征方出。余初不解宋人大青绿山水，以朱砂作底色赤，上敷青绿，迨游中原嵩山，时值盛夏，土色皆红，所被草木尽深绿色，而楼阁参差，金碧辉映，正大小李将军之山水也。其色调皆重厚，色度亦相当，绚烂夺目，中原山川之神乃出。而江南淡青绿山水，每以赭石及草青打底，轻抹石青石绿，建筑勾勒间架，衬以淡赭，清新悦目，正江南园林之粉本。故立意在先，协调从之，自来艺术手法一也。

余尝谓苏州建筑及园林，风格在于柔和，吴语所谓"糯"，扬州建筑与园林，风格则多雅健，如宋代姜夔词，以"健笔写柔性"，皆欲现怡人之园景，风格各异，存真则一。风格定始能言局部单体，宜亭斯亭，宜榭斯榭。山叠何派，水引何式，必须成竹在胸也，才能因地制宜，借景有方，亦必循风格之特征，巧妙运用之。选石、择花、动静观赏，均有所据，故造园必以极镇静而从容之笔，信手拈来，自多佳构。所谓以气胜之，必总体完整矣。

余闽游观山，秃峰少木，石形外露，古根盘曲，而山势山貌毕露，分明能辨何家山水，何派皴法，能于实物中悟画法，可以画法来证实物，而闽溪水险，矶濑激湍，凡此琐琐，皆叠山极好之祖本。它如皖南徽州、浙东方岩之石壁，画家皴法，方圆无能。此种山水皆以皴法之不同，予人以动静感觉之有别，古人爱石、面壁，皆参悟哲理其中。

填词有"过片（变）"（亦名"换头"），即上半阕与下半阕之间，词与意必须若接若离，其难在此。造园亦必注意"过片"，运用自如，虽千顷之园，亦气势完整，韵味隽永。曲水轻流，峰峦重叠，楼阁掩映，木仰花承，皆非孤立。其间高低起伏，阊畅逶迤，在在有"过片"之笔，此过渡之笔在乎各种手法之适当运用。即如楼阁以廊为过渡，溪流以桥为过渡，色泽由绚烂而归平淡，无中间之色不见调和，画中所用补笔接气，皆为过渡之法，无过渡，则气不贯，园不空灵。虚实之道，在乎过渡得法，如是则景不尽而韵无穷，实处求虚，正曲求余音，琴听尾声，要于能察及次要，而又重于主要，配角有时能超于主角之上者。"江流天地外，山色有无中"，贵在无胜于有也。

　　城市必须造园，此有关人民生活，欲臻其美，妙在"借""隔"，城市非不可以借景，若北京三海，借景故宫，嵯峨城阙，杰阁崇殿，与李格非《洛阳名园记》所述："以北望则隋唐宫阙楼殿，千门万户，岩峣璀璨，延亘十余里，凡左太冲十余年极力而赋者，可瞥目而尽也。"但未闻有烟囱近园，厂房为背景者，有之，惟今日之苏州拙政园、耦园，已成此怪状，为之一叹。至若能招城外山色，远寺浮屠，亦多佳例。此一端在"借"。而另一端在"隔"，市园必隔，俗者屏之。合分本相对而言，亦相辅而成，不隔其俗，难引其雅，不掩其丑，何逗其美。造景中往往有能观一面者，有能观两面者，在乎选择得宜。上海豫园萃秀堂，乃尽端建筑，厅后为市街，然面临大假山，深隐北麓，人留其间，不知身处市嚣中，仅一墙之隔，判若仙凡，隔之妙可见。曩岁余为美国建中国庭园纽约"明轩"，于二层内部构园，休言"借景"，必重门高垣，以隔造景，效果始出。而园之有前奏，得能渐入佳境，万不可率尔从事，前述过渡之法，于此须充分利用。江南市园，无不皆存前奏。今则往往开门见山，唯恐人不知其为园林。苏州怡园新建大门，即犯此病。沧浪亭虽属半封闭之园，而园中景色，隔水可呼，缓步入园，前奏有序，信是成功。

旧园修复，首究园史，详勘现状，情况彻底清楚，对山石建筑等作出年代鉴定，特征所在，然后考虑修缮方案。正如裱古画接笔反复揣摩，其难有大于创作，必再三推敲，审慎下笔。其施工程序，当以建筑居首，木作领先，水作为辅，大木完工，方可整池、修山、立峰，而补树栽花，有时须穿插行之，最后铺路修墙。油漆悬额，一园乃成，惟待家具之布置矣。

造园可以遵古为法，亦可以以洋为师，两者皆不排斥。古今结合，古为今用，亦势所必然，若境界不究，风格未求，妄加抄袭拼凑，则非所取。故古今中外，造园之史，构园之术，来龙去脉，以及所形成之美学思想，历史文化条件，在在须进行探讨，然后文有据，典有征，古今中外运我笔底，则为尚矣。古人云："临画不如看画，遇古人真本，向上研求，视其定意若何……偏正若何，安放若何，用笔若何，积墨若何，必于我有出一头地处，久之自然吻合矣。"用功之法，足可参考。日本明治维新之前学习中土，明治维新后效法欧洲，近又模仿美国，其建筑与园林，总表现大和民族之风格，所谓有"日本味"。此种现状，值得注意。至此历史之研究自然居首重地位，试观其图书馆所收之中文书籍，令人瞠目，即以《园冶》而论，我国亦转录自东土。继以欧美资料亦汗牛充栋，而前辈学者如伊东忠泰、常盘大定、关野贞等诸先生，长期调查中国建筑，所为著作至今犹存极高之学术地位，真表现其艰苦结实之治学态度与方法。以抵于成，在得力于收集之大量直接与间接资料，由博返约。他山之石，可以攻玉，造园重"借景"，造园与为学又何独不然。

园林言虚实，为学亦若是，余写《说园》连续五章，虽洋洋万言，至此江郎才尽矣。半生湖海，踏遍名园，成此空论，亦自实中得之。敢贡己见，有求教于今之专家。老去情怀，容续有所得，当秉烛赓之。

一九八二年一月二十日于同济大学建筑系

中国的园林艺术与美学

诸位都是搞美学的，我是搞建筑和园林的。当然建筑、园林也涉及美学，同美学的关系很深。但毕竟建筑、园林还是一个单独的学科。所以我只能从园林的角度，从建筑的角度，把自己学到的一点东西，提出来向诸位讨教，同诸位讨论，可能会讲许多门外汉的话，我是抱着学生的态度来的，我想大家是会原谅我的。

我今天只谈风月，与君约略话园林。

自从旅游事业兴起以来，世界上不少国家都在掀起一阵中国园林热。前年我去美国纽约搞了一个中国园林，那边就对我国园林推崇备至，影响很大。

现在大家都晓得中国园林好，漂亮。到底好在哪里？为什么漂亮？这个问题同美学关系很大。过去大家讲中国园林有诗情画意。一到花园就要想作诗画画。这诗情画意是怎么出来的呢？这同美学有关系，同情感有关系。过去我国有句话说"私订终身后花园，落难公子中状元"。为什么在后花园私订终身？为什么不在大门口私订终身？花园里有诗情画意，有情感。内因是根据，外因是条件，有这个条件就促进了他们的爱情。所以园林里有诗情画意。

对于中国人欣赏美的观点，我们只要稍微探讨一下，就不难看出，无论我们的文学、戏剧，我们的古典园林，都是重情感的抒发，突出一个"情"字。所以"私订终身后花园，落难公子中状元"，他们就在这个花园里有了情。中国人讲道义，讲感情，讲义气，这都同情有关系。文学艺术如果脱离了感情的话，就很难谈了。中国人以感情悟物，进而达到人格化。比如以园林里的石峰来说，中国园林里堆石峰，有的叫美人峰，有的叫狮子峰、五老峰，有各种名称。其实它像不像狮子呢？并不像。像美人吗？也并不像。还讲它像什么五老，并不像。为什么有这么多名称？这是感情悟物，使狮子、石头达到人格化。欣赏的是它们的品格。而国外花园中的雕塑搞得很像很像，这就是各个国家、各个民族的审美习惯不同。中国人看东西，欣赏艺术往往带有自己的感情，要加入人的因素。比如，中国的花园建造有大量的建筑物，有廊柱、花厅、水榭、亭子等等。我们知道一个园林里有建筑物，它就有了生活。有生活才有情感，有了情感，它才有诗情画意。"芳草有情，夕阳无语，雁横南浦，人倚西楼。"这里最关键是后面那句"人倚西楼"。有楼就有人，有人就有情。有了人，景就同情发生关系。所以中国园林以建筑为主，是有它的道理的。原始森林是好看的，大自然风光是好看的，但大自然给人的美同人为的美在感情上就有区别。为什么过去中国造花园，必先造一个花厅？花厅可以接客，有了花厅以后，再围绕花厅造景，凿池栽树，堆叠假山。

所以中国的风景区必然要点缀建筑物，以便于游览者的行脚。比如泰山就有个十八盘。登泰山开始，先要游岱庙，到了泰山脚，还有一个岱宗坊，过了岱宗坊还有大红门，再到中天门，中天门上去才到南天门。在这个风景区也盖了大量的建筑物。这样步步加深，步步有景。所以中国的园林和风景区，同建筑有着极为密切的关系。从美学观点看就是同人发生关系，同生活发生关系，同人的感情发生关系。

中国的园林，它的诗情画意的产生，是中国园林美的反映。我个人有这么个观点：它同文学、戏剧、书画，是同一种感情不同形式的表现。比方说，明末清初的园林，同晚明的文学、书画、戏剧，是同一种思想感情，只是表现的形式不同。明末的计成，他既是园林家，也是画家。清朝的李渔也是园林家，又是一个戏剧家。中国文化是个大宝库，从这个宝库中可以产生出很多很多不同的学问来。而中国文化又不是孤立的，它们互相联系，互相感染。可以说中国园林是建筑、文学艺术等的综合体。

中国园林叫"构园"，着重在"构"。有了"构"以后，就有了思想，就有了境界。"构"就牵涉到美学，所以构思很重要。中国好的园林就有构思，就有境界。王国维在《人间词话》中说，词要有境界，晏几道有晏几道的境界，李清照有李清照的境界。所以我就提出八个字："园以景胜，景以园异。"许多外国人来我国旅游，中国导游人员讲花园，讲不出境界。外国人看这个花园有景在里头，那个花园也有景在里头，有什么不同？导游人员就讲不出，他不懂得"园以景胜，景以园异"。我们造园林有一条，就是同中求异。同中求不同，不同中求同，即所谓"有法而无式"。"法"是有的，但是"式"却没有，没有硬性规定。我们有许多人造园，不是我讲笑话，就好像庸医，凡是发烧就用一个方子。如果烧不退，另外方子就拿不出来，这就说明他没有理论上的武装。有了园林的理论再去学习园林设计，那个园林才是好的。最近同济大学修了个花园，我回来一看就批评起来。我问："是哪个人叫你搞的？你把你造这个花园的理论讲出来，讲出来我服。好！你讲不过我就拆。为什么造这个建筑，为什么种那株树，你说服不了人，说明你没有一个理论。"我们有些风景区之所以搞不好，就是这个原因。最近我到泰山去，泰山要造缆车。我说泰山是什么山？泰山是国家统一、民族团结的象征。是我们国家的山，民族的山，是风景区，是个国宝。你在那里搞个缆车，在原则上讲不通。我们知道，外国在旅游上有一条，叫旅游关系问题。一个是旅，一个是游。旅要快，游要慢。旅游是有快有慢。就好像我们在外头吃中饭一样，在国内吃饭，是等的时候多，吃的时候少。而在外国是吃的时间长，等的时候少。外国旅游也是旅的时间少，游的时间多。我们现在呢？泰山装上缆车，一下子就到泰山顶上，那么还游什么？我们是登山惟恐不高，入山惟恐不深。你这个缆车一装以后，泰山就不高了，根本违反旅游原则。另一方面，人家一游就跑了，我们还有什么生意买卖可做呢？这叫愚蠢之极。日本的富士山是他们的国宝，他们就不造缆车。日本人到中国来做生意，要造缆车，他们门槛很精。如果我们在泰山装缆车就上当了，就得不偿失。你们造缆车，就等于从上海到北京，坐上飞机一下子就到了，还搞什么旅游？

中国园林，各园都有不同的特点，不同的指导思想。做事情没有一个指导思想，就不能将事办好。比如上海最近有股风，搞绿化都喜欢在围墙边种水杉。好啊！围墙是为了防盗，墙里种水杉正好方便了小偷。古园靠墙，只种芭蕉不种树，就是这个道理。所以中国造花园，首先要立意。任何东西不立意不成。立意之后就要考虑如何得体。立意与得体两件事是联系起来的。造园也要讲究得体。大花园有大花园的样子，小花园有小花园的样子。苏州的狮子林，贝聿铭建筑大师去，他看了觉得不舒服，说这个花园是哪个修的？我说，你家的那个账房先生请来一些宁波匠人，宁波匠人造苏州花园，搞了一些大的亭子，大的桥，风格就不对，园林小而东西塞得多，这就不得体。苏州网师园有什么好？就是它得体，它园林小，亭子也造得小，廊子也造得小，看上去就很相称。现在有的男青年，穿得花枝招展，你讲他不好，他觉得蛮漂亮，你讲他好吧，实在不高明。齐白石老先生曾画过一只雄鸡，上面题了十个字："羽毛自丰满，被人唤作鸡。"用来讽刺他们，讥笑得很得体。有些人盲目学外国人，男的留长发，也不得体。理得短一点英俊一些有什么不好呢？所以，处事要因事制宜，造园要因地制宜。

园林的立意，首先考虑一个"观"字。我曾经提出过"观"，有静观，有动观。什么叫动观？动与静，是相对的，世界上没有相对论，便没有辩证法，就不成其为世界。怎样确定这个园子以静态为主呢？或者以动观为主呢？这和园林的大小有关系。小园以静观为主，动观为辅。大园以动观为主，静观为辅。这是辩证法，园林里面的辩证法最多。这样一来得到什么结论呢？小园不觉其小，大园不觉其大，小园不觉其狭，大园不觉其旷，所以动观、静观有其密切关系。我们现在的画，展览会里的大幅画，是动观的画。这种大画挂到书房里，那就不得体了，书房画要耐看，宜静观。

动观、静观这个原则要互相结合。要达到"奴役风月，左右游人"。什么叫"奴役风月"呢？就是我这个地方要它月亮来，就掘个水池，要它风来，就建个敞口的亭廊，这样风月就归我处置了。"左右游人"，就是说设计好要他坐，他就坐，要他停就停，要他跑就跑。说句笑话："叫他立正不稍息，叫他朝东不朝西，叫他吃干不吃稀。"这就涉及心理学，涉及美学。要这样做，就要"引景"。杭州西湖，有两个塔，一个保俶塔在北山，一个雷峰塔在南山，后来雷峰塔塌了，所有的游人，全部往北部孤山、保俶塔去了。后来我提出，"雷峰塔圮后（即倒了），南山之景全虚"，南山风景没有了。这就是说没有一座建筑去"引"他了。所以说西湖只有半个西湖。北面西湖有游人，南面西湖没有游人。我建议重建雷峰塔，以雷峰塔作引景，把人引过去。园林要有"引景"把他"引"过去。所以，山峰上造个亭子，游客就会往上爬。"引景"之外呢，还有"点景"。景一点，这样景就"显"了。所以，你看，西湖的北山，保俶塔一点以后，北山就"显"出来了。同样颐和园的佛香阁一点以后，万寿山也就"显"出来了。不懂得"引景"，不晓得"点景"，就不了解园林的画意。还有"借景"，什么叫"借景"呢？"借景"就是把园外的景，组合到园内来。你看颐和园，如果没有外面的玉泉山和西山，这个颐和园就不生色了。

他一定要把园外的景物借进来，比方说，一座高房子，旁边隔壁有花园，透过窗户，人家的花园就同自己花园一样。如果隔壁是工厂，就觉得不舒服，所以我们现在要讲环境美，这也要"借景"。还有呢？是"对景"。使这个景同那个景相映成趣。比如说今天讲课，我同诸位的关系，就是对景关系。园林讲对景，处世讲态度，"态度"也是对景，现在外面有些"小师傅"，好像"还他少，欠他多"，对景真不舒服。

动观、静观、点景、引景、对景，总的还在于"因地制宜"。"因地制宜"也是个辩证法，就是根据客观的条件来巧妙安排，比如说：园林的凹地就因它的低，挖成池子，那面的高地，就再增加其高度堆积假山。这叫做因地制宜。我们造园，就要因地而造成山麓园、平地园、市园、郊园等。山麓建的园，就要按山麓的地形来造园。

陕西骊山有个华清池，是杨贵妃洗澡的地方，它应该按山麓园布置高低。可是搞设计的那位大先生，却是法国留学生，他把地全部铲平，用法国图案式的设计，这样就不妥当了。所以说，"因地制宜"是相当重要的设计原则。造园先要懂得这许多原则，而这些原则在美学上是什么理论呢？我个人的看法，就是真，真就是美。不真不美，例如堆山，完全能表现出石纹石质，那才是美的。树木参差也是美。人也如此，讲真话是美，讲假话不美。矫揉造作，两面派，包括建筑上的虚假性装饰，如西郊公园的水泥熊猫、城隍庙池子里搞的水泥鱼，就不美！现在搞水印木刻，唐伯虎的画，齐白石的画，风格几乎一样，毛病就是不真，它不是作者自己的表现，而是雕刻人的手法。

我们园林艺术要"虽由人作，宛自天开"。这就是"真"。外国有个建筑师说："最好的建筑是地上生出来的，而不是上面加上去的。"这句话还是深刻中肯的。最好的园林确定哪里造一个亭子，哪里造几间廊子，这应该是天配地适，就是说早已安排好了的。这就是好建筑。最近对大观园争论很多，我讲，你们不要上曹雪芹的当呀！曹雪芹已经讲了，大观园洋洋大观，是夸张之词，对不对？硬拿着曹雪芹《红楼梦》来设计大观园，一设计就要三百亩地呀！所以上次《红楼梦》大观园模型展览会上，我就这么讲："红楼一梦真中假，大观园虚假幻真。欲究当年曹氏笔，莫凭世上说纷纭。"这就是《红楼梦》中大观园真中有假，假中有真。这个花园，有花园之意，无花园之实，它是一个园林艺术的综合品。所以，以虚的东西去求实的，就没意思！园林上的许多问题，不提到美学高度来分析，只停留在一个形式，这就是形式主义。中国园林是有中国的美学思想、文学艺术的境界。这个学问是边缘科学，涉及比较多的方面。一般说，我们看花园凡是得体的，都是比较好的花园。凡是矫揉造作的，就不是好花园。归结来归结去，是一个境界的问题。

我讲园林有法，而没得式，到底法是什么呢？因地制宜，动观静观，借景对景，引景点景，还有什么对比、均衡等许多手法。这许多手法，怎么具体灵活来运用它，看来是简单，而实际并不简单，说它不简单又简单，这如做和尚一样，有的人终身做和尚，做了一辈子，还没有"悟"道，不是真和尚。这里面有境界高与境界低的问题，园林艺术，对于设计的人来说吧，是水平问题。计成讲过一句话："三分匠七分主人。"这句话不得了呀！说这是污蔑劳动人民，造个花园主人倒七分，匠人只三分，你站在什么阶级立场上讲话。其实，不是这个意思。他是说七分主人，是主其事者，我们说主其事，是负责设计的人。匠呢？是工作者。设计人境界高，花园好。一本戏的好坏关键在导演。诸位都是美学老师，都是灵魂工程师，将来全国美不美均寄托在诸位身上。我主张美学要同实际联系起来，不要停留在黑格尔等许多外国的名词上。现在提倡美育，这非常重要，要唤起民众哟！

中国园林艺术很巧妙，它运用了许多美学原理。就拿花木种植来讲，主要是求精，求精之外适当求多。有一次我在上海园林局作报告，对局里的一些书记、主任说，你们向上级汇报，光讲十万、五万株苗木，这不说明问题。你们连一株小冬青也算一棵，听听数目不得了，实际起不了作用。中国园林的植树，要求精不求多，先要讲姿态好，尤珍爱古树能入画，这才有艺术性，才能有提高。多而滥还不如少而精。中国人看花，看一朵两朵。外国人求多，要十朵几十朵。中国人看花重花品德，外国人重色，中国人重香，这种香也要含蓄。有香而无香，无香而有香，如兰花，香幽。外国人的玫瑰花，香得厉害，刺激性重，这也是不同的欣赏习惯。

园林中，美的亭、台、楼阁，可以入画，丑的也可以入画，如园林中的石峰，有清、丑、顽、拙等各种姿态，经过设计者的精心安排，均可以入画，这里就有"丑"、"美"的辩证关系。所以说园林艺术与中国古代美学思想、哲学思想有着紧密联系。有人喜欢游新园，这也是不在行。从前扬州人骂盐商，骂得好：

"入门但闻油漆香"——新房子;"箱中没有旧衣裳,堂上仕画时人古"——假古董。下面一句骂得凶,"坟上松柏三尺长"。我们现在有的花园"入园但闻油漆香,园中树木三尺长"。所以园林还要经过历史的经历。它太新也不好,要"适得其中",这个"中",在中国美学中很重要。孔老二讲:"无过不及。"不可做过头,要"得体","得体"者就是"中"。所以中国园林的好,求精不求滥。比如讲"小有亭台亦耐看","黄茅亭子小楼台,料理溪山却费才"。黄茅亭子,设计得好,也是精品,并不是所有亭子造得金碧辉煌,才是好。"小有亭台亦耐看。"着眼在个"耐"字。所以说要得体,恰如其分。

中国园林艺术是以少胜多。外国要几公顷造一花园,中国造园少而精。"少而精",就是艺术的概括和提炼。中国古代写文章精炼,五言绝句中只二十个字,写得好。现在剧本中为什么一些对白这么长呀!他不是去从古代剧本中吸收精华,所以废话特别多。你去看《玉簪记》,"琴挑"的对白多么好,一个男的在弹琴,弹的是风求凰。女的问他,"君方盛年,为何弹此无妻之曲?"回答是"小生实未有妻",他马上坦白交代。女的接着说:"这也不关我事。"好!这三句句子,调情说爱,统统有了。所以"精炼"这个手法是我们美学上、文艺理论上一个高度的手法。

园林中还有一个还我自然的问题。怎么叫"还我自然",我们造花园,就要自然。自然是真,真就是美,我们欣赏风景区,就要欣赏它的自然。当然风景区并不是一个荒山,需要我们人工的点缀,这就涉及到美学问题。什么样的风景区,就要加上什么样的建筑，当然包括点景、引景等这许多原则。搞得好，他是烘云托月，把自然的景色烘托得更美。我们要"相地"，要"观势"。从前的风水先生，他也要"观"，要"相"呢。你们知道，中国的名山大部分都有和尚庙，他也要"相地"也要"选址"。选地点，是有规律的，它是一个综合的研究。你看和尚庙，他选的地方一定有水，有日照，没有风，房子没有造，他先搭茅蓬住在这里，住上一年之后，完全调查清楚之后才正式建造的。所以天下名山僧占多。他要生活，又要安静，他就要有一个很好的地点。所以选地非常重要，不但庙的选址，有名的陵墓的选址，也是这样。比如南京的明孝陵，风不管多么大，跑到明孝陵便没有风。了不起啊！跑到中山陵则性命交关，风大得不得了，明孝陵望出去，隔江就是对景，中山陵就没有对景。所以过去好的坟墓，比如北京的十三陵，群山完全是抱起来的，因此选址很重要。

我主张在风景区搞建筑物，要宜隐不宜显，宜低不宜高，宜麓不宜顶，宜散不宜聚。要谦虚点嘛，不要搞个大建筑，外国人来，喜欢住你这个高楼大厦么？风景区搞建筑，如果不谦虚，要突出你个人，必然走向反面，搬起石头砸自己的脚，给人家骂。所以风景区搞建筑，先把老的公认为优美的建筑修好，大的错误就不会犯。我在设计的问题上，常常提出要研究历史，要到现场去，不看现址不行。你到了那里以后非得两只脚东南西北走一走，才能了解现场。因此不能割断历史，我们搞美学也不能割断中国的美学历史。不懂中国历史，又不了解今天，你不做历史的研究，不做一个调查，那就要犯错误。拿外国的当成神仙，会出笑话。你不明白中国美学体系，不明白中国美学特征，不明白中国人的思想感情，你拿洋的一套来论证，怎么行？我们要立足于本国，以其他做旁证。他山之石，可以攻玉。我们有中国的美学体系，中国的思想体系，中国之所以不亡，也在于此。所以我提倡要读中国历史，要读中国地理。如果不读中国历史，不读中国地理，将来就有亡国灭种的危险。

中国园林，除了建筑、绿化之外，还同中国的画，同中国的诗结合得很紧。画是纸上的东西，诗是文字上的东西，园林是具体的东西。把中国人的感情在具体的东西上体现出来，这就是中国园林了不起的地方。中国园林有许多是真山的概括，真山的局部，真山的一角。从山的局部能想象出整体，由真实的东西概括出简单的东西，这叫做提炼概括。一株树只看到一枝不看到整体，一个亭子只看到一角不看到整体。所以有假山看脚、建筑看顶的说法。此外，还有虚景。虚景就是风花雪月，随时间的转移而景有不同。春有春景，夏有夏景。中国园林是春夏秋冬、晦明风雨都可以游。说来说去就是要从局部见整体。你想要无所不包，结果是一无所包，你越想全就越走向不全。搞中国园林就得懂得这个道理。

除了上面说的以外，园林还要借用其他文学，比如亭子的命题之类，来说明风景好坏。大明湖是"四面荷花三面柳，一城山色半城湖"。这两句题诗就点出了大明湖景致特点。所以园林的题词是点景。现在我真不懂，一个园林挂了很多画，比如上次我去苏州，一间外宾接待室挂了四件东西，一件是井冈山，一件南湖，一件延安，一件遵义。你这里是外宾招待所，还是革命纪念馆？还有苏州花园里挂桂林风景画，简直是笑话。园林里还要用什么风景画来烘托。中国园林是综合艺术，中国的园林是从中国文学、中国画中得来的。如果一个园林经不起想象，这个园林就不成功了。一个人到了花园里就会想入非非。想入非非好，应该允许人想入非非，如果不能想入非非，这个人就麻木不仁了。园林要使人觉得游一次不够以后还想来，这个园林就成功了。园林除了讲究一个树木姿态、假山层次、建筑高低之外，还讲究一个雅致问题。雅同审美有关系，同文化有关系。为什么青少年京戏、昆剧不爱看，因为我们的京戏、昆曲节奏慢，而青年人喜欢节奏强烈、刺激的，雅能养性，使人身处花园连烦恼都没有了。比如苏州网师园，我们游一次要半天，两个小青年五分钟就看完了。我有一次陪外宾，游了半天，他们越看越有味道。有许多东西他们不理解。你一讲他明白了，也觉得有味道了。真正对这个园林有所理解，才能把握美在哪里，这样导游人员才能像我们老师一样做到循循善诱。

　　一个园林有一个园林的特征，代表了设计者的思想感情，代表了他的思想境界。园林没有自己的特征，这个园林就搞不好。一所好的花园要用美学观点去苦心经营设计，这里构思很重要，它体现了人的思想感情、思想境界，对游人产生陶冶性情的作用。园林是一个提高文化的地方，陶冶性情的地方，而不是吃喝玩乐的地方。园林是一首活的诗，一幅活的画，是一个活的艺术作品。在杭州西湖，一些小青年穿个喇叭裤，戴副大墨镜爬到菩萨身上去拍照，真是不雅，配上菩萨那副光亮的面孔，有什么好看，这样还有什么资格去旅游。诸位是搞美学的，我不过是提供一些看法，供你们将来作文章，帮助呼吁呼吁。

"游"也是一种艺术，有人会游，有人不会游。我问一些人，你们到苏州，那里的园林好吗？他们说：差不多，倒是天平山爬爬，扎劲来。为什么叫拙政园，他连"拙政园"三个字都不知道，他不懂得游。游要有层次，比如进网师园，就要一道一道进去看，现在它开了后门，让游人从后门进出，就是不懂这个道理，因为他不了解园林以及古代生活情况、起居情况。

造园难，品园也难，品园之后才能知道它的好处在哪里，坏处在哪里。一九五八年，苏州修网师园，修好以后，邀我去，一看不行，有些东西搞错了，比如网师园有个简单的道理，这边假山，那边建筑；这边建筑，那边假山，它们位置是交叉的。现在西部修成这一边相对假山，那一边相对建筑，把原来的设计原则搞错了。园林上有许多原则，其实很简单，就是要处理好调配关系。所以能品园才能游园，能游园就能造园。现在造花园像卖拼盘，不像艺术建筑，这就是缺少文化，没有美学修养。

你们是搞美学的，要多写点评论文章，这有好处。比如我们看画，这幅是唐伯虎的，那幅是祝枝山的，要弄清它的"娘家"。任何东西都有个来龙去脉，有个根据。做学问要有所本，搞园林也要有所本。另外，我国古典园林是代表了它那个时代的面貌，时代的精神，时代的文化，这同美学的关系也很大。要全面研究园林艺术，美学工作者的责任也相当重。

一九八一年十一月

全国高校美学教师进修班讲演记录稿

中国诗文与中国园林艺术

  中国园林，名之为"文人园"，它是饶有书卷气的园林艺术。前年建成的北京香山饭店，是贝聿铭先生的匠心，因为建筑与园林结合得好，人们称之为有"书卷气的高雅建筑"，我则首先誉之为"雅洁明净，得清新之致"，两者意思是相同的。足证历代谈中国园林总离不了中国诗文。而画呢？也是以南宗的文人画为蓝本，所谓"诗中有画，画中有诗"，归根到底脱不开诗文一事。这就是中国造园的主导思想。

  南北朝以后，士大夫寄情山水，啸傲烟霞，避嚣烦，寄情赏，既见之于行动，又出之以诗文，园林之筑，应时而生，继以隋唐、两宋、元，直至明清，皆一脉相承。白居易之筑堂庐山，名文传诵，李格非之记洛阳名园，华藻吐纳，故园之筑出于文思，园之存，赖文以传，相辅相成，互为促进，园实文，文实园，两者无二致也。

  造园看主人，即园林水平高低，反映了园主之文化水平，自来文人画家颇多名园，因立意构思出于诗文。除了园主本身之外，造园必有清客。所谓清客，其类不一，有文人、画家、笛师、曲师、山师等等，他们相互讨论，相机献谋，为主人共商造园。不但如此，在建成以后，文酒之会，畅聚名流，赋诗品园，还有所拆改。明末张南垣为王时敏造乐郊园，改作者再四，于此可得名园之成，非成于一次也。尤其在晚明更为突出，我曾经说过那时的诗文、书画、戏曲，同是一种思想感情，用不同形式表现而已，思想感情指的主导是什么？一般是指士大夫思想，而士大夫可说皆为文人，敏诗善文，擅画能歌，其所造园无不出之同一意识，以雅为其主要表现手法了。园寓诗文，复再藻饰，有额有联，配以园记题咏，园与诗文合二为一。所以每当人进入中国园林，便有诗情画意之感，如果游者文化修养高，必然能吟出几句好诗来，画家也能画上几笔晚明清逸之笔的园景来。这些我想是每一个游者所必然产生的情景，而其产生之由就是这个道理。

汤显祖所为《牡丹亭》，而"游园"、"拾画"诸折，不仅是戏曲，而且是园林文学，又是教人怎样领会中国园林的精神实质。"遍青山啼红了杜鹃，那荼蘼外烟丝醉软"，"朝日暮卷，云霞翠轩，雨丝风片，烟波画船"，其兴游移情之处真曲尽其妙。是情钟于园，而园必写情也，文以情生，园固相同也。

清代钱泳在《履园丛话》中说："造园如作诗文，必使曲折有法，前后呼应，最忌堆砌，最忌错杂，方称佳构。"一言道破，造园与作诗文无异，从诗文中可悟造园法，而园林又能兴游以成诗文。诗文与造园同样要通过构思，所以我说造园一名构园。这其中还是要能表达意境。中国美学，首重意境，同一意境可以不同形式之艺术手法出之。诗有诗境，词有词境，曲有曲境，画有画境，音乐有音乐境，而造园之高明者，运文学绘画音乐诸境，能以山水花木、池馆亭台组合出之，人临其境，有诗有画，各臻其妙。故"虽由人作，宛自天开"，中国园林，能在世界上独树一帜者，实以诗文造园也。

诗文言空灵，造园忌堆砌，故"叶上初阳干宿雨，水面清圆，一一风荷举"。言园景虚胜实，论文学亦极尽空灵。中国园林能于有形之景兴无限之情，反过来又产生不尽之景，觥筹交错，迷离难分，情景交融的中国造园手法。《文心雕龙》所谓"为情而造文"，我说为情而造景。情能生文，亦能生景，其源一也。

诗文兴情以造园，园成则必有书斋、吟馆，名为园林，实作读书吟赏挥毫之所，故苏州网师园有看松读画轩，留园有汲古得绠处，绍兴有青藤书屋等，此有名可征者，还有额虽未名，但实际功能与有额者相同，所以园林雅集文酒之会，成为中国游园的一种特殊方式。历史上的清代北京怡园与南京随园的雅集盛况后人传为佳话，留下了不少名篇。至于游者漫兴之作，那真太多了。随园以投赠之诗，张贴而成诗廊。

读晚明文学小品，宛如游园，而且有许多文字真不啻造园法也，这些文人往往家有名园，或参与园事，所以从明中叶后直到清初，在这段时间中，文人园可说是最发达，水平也高，名家辈出。计成《园冶》，总结反映了这时期的造园思想与造园法，而文则以典雅骈骊出之，我怀疑其书必经文人润色过，所以非仅仅匠家之书。继起者李渔《一家言·居室器玩部》，亦典雅行文，李本文学戏曲家也。文震亨《长物志》更不用说了，文家是以书画诗文传世的，且家有名园，苏州艺圃至今犹存。至于园林记必出文人之手，抒景绘情，增色泉石。而园中匾额起点景作用，几尽人皆知的了。

中国园林必置顾曲之处，临水池馆则为其地，苏州拙政园卅六鸳鸯馆、网师园濯缨水阁尽人皆知者，当时俞振飞先生与其尊人粟庐老人客张氏补园（补园为今拙政园西部），与吴中曲友，顾曲于此，小演于此，曲与园境合而情契，故俞先生之戏具书卷气，其功力实得之文学与园林深也。其尊人墨迹属题于我，知我解意也。

造园言"得体"，此二字得假借于文学，文贵有体，园亦如是。"得体"二字，行文与构园消息相通，因此我曾以宋词喻苏州诸园：网师园如晏小山词，清新不落套；留园如吴梦窗词，七宝楼台，拆下不成片段；而拙政园中部，空灵处如闲云野鹤去来无踪，则姜白石之流了；沧浪亭有若宋诗；怡园仿佛清词，皆能从其境界中揣摩得之。设造园者无诗文基础，则人之灵感又自何来。文体不能混杂，诗词歌赋各据不同情感而成之，决不能以小令引慢为长歌，何种感情，何种内容，成何种文体，皆有其独立性。故郊园、市园、平地园、小麓园，各有其体，亭台楼阁，安排布局，皆须恰如其分，能做到这一点，起码如做文章一样，不讥为"不成体统"了。

总之，中国园林与中国文学，盘根错节，难分难离，我认为研究中国园林，似应先从中国诗文入手，则必求其本，先究其源，然后有许多问题可迎刃而解，如果就园论园，则所解不深。姑提这样肤浅的看法，希望海内外专家将有所指正与教我也。

《扬州师院学报》（社会科学版）

一九八五年第三期

贫女巧梳头

——谈中国园林

近几年来世界上掀起了中国园林热，从一九七八年冬，我去美国纽约大都会博物馆筹建"明轩"开始，海外不断地出现了中国园林，这说明了世界上的人对中国文化的爱好，这是值得欣慰的事。但是中国园林在现今时代抱什么态度来对待呢？有的是全部照搬的古典主义者，也有全盘否定的虚无主义者。继承也好，革新也好，看来都不够全面的。我认为继承与革新两者并不矛盾，没有继承，何言革新，述古可以为今，继往可以开来，盲目的搬移，彻底的否定，也并不是发展的道路。那么中国园林有些什么可继承呢？

一种文化的形成，并不是无本之木，园林应该属于文化范畴，非土木绿化之事，它属于上层建筑，反映了一定的意识形态，由此而产生了园林创作。

中国园林首重意境，即所谓诗情画意，这种诗情画意，与中国的哲学、美学文学思想是分不开的，亦就是说园林的设计者有这种思想感情，才能创造出他理想的园林，思想感情变了，爱好有了差异，当然园林产生意境也自然不同了。中国园林的那种闲适幽雅，并寓之以德的（就是以园林怡情养性，进行品德教育）超世脱俗的情调，也许可说是主导思想吧！因为要表达这种境界，当然要用许多手法，唐代的白居易在庐山之麓建草堂，以山为借景，尽收眼底，这种巧妙的手法，到明末计成将其总结了出来，可见古人一直沿用的了。这说得上是一个伟大的创举，它将永远为人们所应用。"风水学"中的"靠山"、"照山"，亦是借景之别称而已。它不仅在造园与造景上已成为准则，而且在城市规划与居住区设计中也不能忽视。由借景而产生的选址问题、布局问题，都是分不开的，所谓大处着眼、全局观点、因地制宜，运用得好，气势神韵皆出，帝王之都，名园之基，无不首先重视借景。

叠山理水，在中国园林其理本与画理相通，就是将自然景物加以概括提炼，做到"虽由人作，宛自天开"。我曾说过"水随山转，山因水清"、"溪水因山成曲折，山蹊（路）随地作低平"，这就是山水的关系，这种原则不论中西与古今，我想总不会变的吧？建筑物在中国园林中，是占主要地位，这是肯定的，但从园林史来看，我认为它的发展是由少到多，清代的园林建筑比重肯定比元、明多，而且运用得更巧妙，空间分隔更灵活，这与造园的速度有关，计成在《园冶》中早说过，"雕栋飞楹构易，荫槐挺玉成难"。建造房屋快，树木成长慢，为了追求园林早日竣工，在求得较为好的地形与借景有利的条件下，基地上如有若干大树古木，于是以大量建筑物安排组合其间，名园指日可成矣。苏州留园，在盛氏购入后，便添加了大量建筑物。北京的皇家园林也是越到后期加添的建筑越多。景点的增多，差不多皆与建筑分不开。建筑物在园林中占如此主导地位，在今日造园时还可有所借鉴，它不但在造园上起艺术作用，而且在快速造园这一方面也见显著效果。当然道理是一个，而形式表现亦因地因时而异。我们师其理，而不是用现代建筑材料仿木结构造亭台楼阁。中国园林是悟其理，传其神，生搬硬套，非度人以巧也。因此造园是有法而无式。不明其因焉得其果？

我认为中国园林在世界上来说，它是一门综合性艺术，又是综合性科学，其涉及知识面之广，变化之多，不难理解。如果说不先从园林理论与园林史入手，进行一些研究，要创作园林，或是另开一条新的造园道路，恐怕有所困难，要走许多弯路。目前出现了许多园林小品书，无异于熟食店的冷盆，是做不出整桌名菜的。"宜亭斯亭，宜榭斯榭"，重在"宜"字，宜就是建造的根据，"体宜"就是造园要得体，得体就是恰到好处，但是做到这一点并不是容易的事，如果没有理论根据，如何下笔？"胸有成竹"方可信手拈来。东施效颦，已为共见。不经过一番理论的研究与分析，要谈继承与革新有若缘木求鱼，于事是无补的。

中国造园有其普通的手法，如对比、节奏等等，但是我们要探讨的是它在中国园林中的特殊表现，亦就是同中求不同。我说过"园必隔，水必曲"，这在中国园林中最为常见，然而西方园林用树丛，用流水也可以成隔与曲，但表现的境界却有所不同。中国园林的建筑与假山水池却是突出手法，"建筑看顶，假山看脚"，在仰观与俯视上皆起很大效果，如果改用平顶那就感到缺少什么似的，视线只可以平视为主，然而对这类问题，看法又不一致，尤其今日坡顶的建筑日趋减少，像这种情况，又怎样对待呢？中国的园林，尤其私家园林，范围又那么小，小中见大，含蓄不尽，如果将它放大了，意境随之变更，木结构的亭榭，放大了又不顺眼，苏州拙政园东部那座巨亭就是失败的例子。近年来亦知道大园林不分区不成，亦就是用大园包小园的手法，化整为零，分中有合。这种手法在新园林中正在尝试中。我在《说园》中总结出了"动观"与"静观"的理论，这原是古代哲学思想在造园中的体现，我深信不论中西园林，都不自觉地在运用着，至于运用得好与坏，那要看设计者的水平了，但是对"动"与"静"，却不能等闲视之，游有"动""静"，景也有"动""静"，情也有"动""静"，"为情而造文"是文学的高作品，同样造园其理一也，故云"情景交融"，世界上哪一个人是没有情的？而情在造园中的应用，则应该说是列于首要地位，在继承和革新的造园事业中，这一点是无法否定的。

近来有许多人错误地理解园林的诗情画意，认为这并不是设计者的构思，而是建造完毕后加上一些古人的题辞、书画，就有诗情画意了，那真是贻笑大方了。设计者对中国传统国画、诗文一无知晓，如何能有一点雅味呢？有一点传统味呢？各尽所能，忽视理论，往往形成了不古不今、不中不西的大杂烩园林。我并不是一个泥古不化的人，如果运用中国造园原理，能出新意，亦是有源之水，因此在现在看来，今后的造园创作，对于中国园林理论与历史的研究，是有助于园林创作事业的。

提出这样的观点与大家商量，似乎比较近情理吧。中国的造园理论与手法，有许多与国外相通，尤其是日本园林，但是由于民族的差异，文化社会地理等条件的不同，遂各成体系，在运用上，也应该作一番分析，有可移用，有不能移用。功能、形式的产生不是凭空而来的。我们的思想头脑要清晰些。佳者收之，俗者摒之，则万物皆为我所用了。苏东坡有两句诗"贫家净扫地，贫女巧梳头"，对我们园林工作者来说，实在太用得到了，能懂得这诗中的命意，在"巧"字上多下工夫，我相信在造园这门学科中，必大大地向前一步了。

《造型艺术研究》
一九八五年第七期

园林分南北　景物各千秋

　　"春雨江南，秋风蓟北。"这短短两句分明道出了江南与北国景色的不同。当然喽，谈园林南北的不同，不可能离开自然的差异。我曾经说过，从人类开始有居室，北方是属于窝的系统，原始于穴居，发展到后来的民居，是单面开窗为主，而园林建筑物亦少空透。南方是巢居，其原始建筑为棚，故多敞口，园林建筑物亦然。产生这些有别的情况，还是先就自然环境言之，华丽的北方园林，雅秀的江南园林，有其果，必有其因。园林与其他文化一样，都有地方特性，这种特性形成还是多方面的。

　　"小桥流水人家"，"平林落日归鸦"，分明两种不同境界。当然北方的高亢，与南中的婉约，使园林在总的性格上不同了。北方园林我们从《洛阳名园记》中所见的唐宋园林，用土穴、大树，景物雄健，而少叠石小泉之景。明清以后，以北京为中心的园林，受南方园林影响，有了很大变化。但是自然条件却有所制约，当然也有所创新。首先对水的利用，北方艰于有水，有水方成名园，故北京西郊造园得天独厚。而市园，除引城外水外，则聚水为池，赖人力为之了。水如此，石南方用太湖石，是石灰岩，多湿润，故"水随山转，山因水活"，多姿态，有秀韵。北方用土太湖、云片石，厚重有余，委婉不足，自然之态，终逊南中。且每年花木落叶，时间较长，因此多用长绿树为主，大量松柏遂为园林主要植物。其浓绿色衬在蓝天白云之下，与黄瓦红柱、牡丹、海棠起极鲜明的对比，绚烂夺目，华丽炫人。而在江南的气候条件下，粉墙黛瓦，竹影兰香，小阁临流，曲廊分院，咫尺之地，容我周旋，所谓"小中见大"，淡雅宜人，多不尽之意。落叶树的栽植，又使人们有四季的感觉。草木华滋，是它得天独厚处。北方非无小园、小景，南方亦存大园、大景。亦正如北宗山水多金碧重彩，南宗多水墨浅绛的情形相同，因为园林所表现的诗情画意，正与诗画相同，诗画言境界，园林同样言境界。北方皇家园林（官僚地主园林，风格亦近似），我名之为宫廷园林，其富贵气固存，而庸俗之处亦在所不免。南方的清雅平淡，多书卷气，自然亦有寒酸简陋的地方。因此北方的好园林，能有书卷气，所谓北园南调，自然是高品。因此成功的北方园林，都能注意水的应用，正如一个美女一样，那一双秋波是最迷人的地方。

我喜欢用昆曲来比南方园林，用京剧来比北方园林（是指同治、光绪后所造园），京剧受昆曲影响很大，多少也可以说从昆曲中演变出来，但是有些差异，使人的感觉也有些不同。然而最著名的京剧演员，没有一个不在昆曲上下过工夫。而北方的著名园林，亦应有南匠参加。文化不断交流，又产生了新的事物。在造园中又有南北园林的介体——扬州园林，它既不同于江南园林，又有别于北方园林，而园的风格则两者兼有之。从造园的特点上，可以证明其所处地理条件与文化交流诸方面的复杂性了。

现在，我们提供旅游，旅游不是"白相"（上海方言，玩），是高尚的文化生活，我们赏景观园，要善于分析、思索、比较，在游的中间可以得到很多学问，增长我们的智慧，那才是有意义的。

《旅游》

一九八五年第一期

园林清议

今天很高兴有机会来与大家谈园林问题和中国园林的特征。中国园林应该说是"文人园",其主导思想是文人思想,或者说士大夫思想,因为士大夫也属于文人。其表现特征就是诗情画意,所追求的是避去烦嚣,寄情山水,以城市山林化,造园就是山林再现的手法,而达明代造园家计成所说"虽由人作,宛自天开"的境界。

中国古代造园,当然离不了叠山,开始是模仿真山的大小来造,进而以真山缩小模型化,但皆不称意,看不出效果,最后,取山之局部,以小见大,抽象出之,叠山之技尚矣。明清两代的假山就是遵照这个立意而成的。今天遗下了很多的佳构,其构思也是一点一滴而来的。山石之外,建筑、水池、树木,组成巧妙的配合,体现了"诗情画意",而建筑在中国园林中又处主要地位,所谓亭台楼阁、曲廊画桥,因此谈到中国园林,便会出现这些东西。在这些如诗如画的园林里,便会触景生情,吟出好诗来,所以亭阁上面还有额联,文化水平高者,立即洞悉其奥妙,文化水平低者,藉着文字点景便能明白。正如老残到了济南大明湖，看见"四面荷花三面柳，一城山色半城湖"，老残豁然领会了这里的特色，暗暗称道："真个不错。"

　　文学艺术往往是由简到繁，由繁到简，造园也是如此。李格非的《洛阳名园记》没有叠石假山的记载。明清时才多假山，假山有洞有平台，水池方面有临水之建筑，有不临水之建筑。佛祖讲经，迦叶豁然了释，而众人却不懂，造园亦具如此特点。明代园林，山石水池厅堂，品类不多，安排得当，无一处雷同。清乾隆时，产生了空腹假山，当时懂得用 Arch①，便用少量石头来堆大型假山。到晚清，作品趋于繁缛。然网师园能以简出之，遂成上品。而能臻乎上品者，关键在于悟，无悟便无巧。苏东坡亦是大园林家，他说："贫家净扫地，贫女巧梳头。"净即简，巧需悟。又云："不识庐山真面目，只缘身在此山中。"或曰："欲把西湖比西子，淡妆浓抹总相宜。"这景立即点出来了，造园不在花钱多，而要花思想多。二月间，我到过香港，那里城门郊野公园的针峰一带，正是"横看成岭侧成峰，远近高低各不同"，造园家要指出与众不同的地方，那么景观便有特色了。

　　清乾隆以前，假山有实砌，有土包石；到乾隆时，建筑粗硕，雕刻纤细，装修栏杆亦华丽了；在嘉庆、道光间，戈裕良总结当时新兴叠山做法，推广了空腹假山。是利用少量山石来叠山，中空藏石室，气势雄健，而洞则以钩带法出之，不必加条石承重，发挥券拱的作用，再配以华丽高敞的建筑物，形成了乾隆时代园林的特色，这种手法，可谓深得"巧"的三昧。

---

　　①　英文，意拱形结构。

宋代李格非《洛阳名园记》未言叠山，亦是"巧"的构思，它是利用洛阳黄土地带的特殊性，用土洞、黄土高低所成的丘壑土壁来布置，因此说"因地制宜"是造园的基本要素。太平天国后，社会出现了虚假性的繁荣，假山以石作台，多花坛，叠山的艺术性衰退了，建筑物用材瘦弱，做工华而不实，是一个时期经济水平的反映。过去造园，园主喜购入旧园重整，这是聪明办法，因为有基础，略事增饰即成名园。太平天国后，有些园林中原演昆曲，亭、榭、厅中皆可利用演出。自京剧盛行后，很多园林就有戏厅戏台的产生。园林中有读书、作画、吟咏、养性、会客等功能外，再掺入了社交性的娱乐。然而娱乐还不过逢场作戏，士大夫资本家炫富而已的设施。

建设大山、水池、树木本是慢的，苏州留园，在太平天国后修建时，加了大量建筑，很快便修复了。

造园未能离开功能而立意构思的，因为人要去居、游，而要社会经济基础、生活方式、意识形态、文化修养等多方面来决定，其水平高下要视文化。造园看主人，就是看文化，是十分精确的一句话。

计成在《园冶》中说过："雕栋飞楹构易，荫槐挺玉成难。"中国园林，越到后期，建筑物越增多，最突出的是太平天国以后，"中兴"将领、皇家都是求速成园，有许多园林，山石花木在园中几乎仅起点缀作用。上海豫园原为明代潘氏园，是士大夫的园林，清代改为会馆，大兴土木，厅堂增多，形成会馆园，园性质改，景观也起变化，而意境更不用说了。文章、书画、演戏讲气质，园林亦复如是，中国人求书卷气，这一条是中国传统艺术的命脉，色彩方面，要雅洁存质感。假山用混凝土来造，素菜以荤而名，不真了。

真、善、美，三者在美学理论中讲得多了，造园也要讲真，真才能美。我说过"质感存真"，虚假性的，终是伪品，过去园林中的楠木厅、柏木亭，都不髹漆，看上去雅洁悦目，真假山石终比水泥假山来得有天趣，清泉飞瀑终比喷水池自然，园林佳作必体现这真的精神，山光水色，鸟语花香，迎来几分春色，招得一轮明月，能居，能游，能观，能吟，能想，能留客，有此多端，谁不爱此山林一角呢！

能留客的园林是令人左右顾盼，令人想入非非，园林该留有余地，该令人遐想。

有时，假的比真的好，所以要假中有真，真中有假，假假真真，方入妙境。

园林是捉弄人的，有真景，有虚景，真中有假，假中有真。因此，我题《红楼梦》的大观园"红楼一梦真中假，大观园虚假幻真"之句。这样的园林含蓄不尽，能引人遐思。择境殊择交，厌直不厌曲，造园须曲，交友贵直，园能寓德，子孙多贤，故造园既为修身养性，而首重教育后代，用园林的意境感染人们读书、吟咏、书画、拍曲，以清雅的文化生活，从而培养成正直品高的人。因此造园者必先究理论研究与分析，无目的以园林建筑小品妄凑一起，此谓之园林杂拼。

中国造园有许多可继承的，继承的并非形式，是理论、"因借"手法，因就是因地制宜，借即借景。其他对景、对比、虚实、深浅、幽远、隔曲、藏露……以及动观、静观相对的处理规律，这是有其法而无式，灵活运用，以清新空灵出之，全在于悟。

过去造园，各园皆具特色，亦就是说如做文章，文如其人，面貌各异。现在造园，各地皆有园林管理机构、专职工程师、工程队，所以在风格上渐趋一律，至于若干旧园，不修则已，一修又顿异旧观，纳入相似规格，因此古人说"改园更比改诗难"。我很为若干历史上遗留下来的名园担心，再这样下去的话，共性日益增多，个性日渐减少，这个问题目前日见突出了，我们造园工作者，更应引起警惕。所以说不究园史，难以修园，休言造园。而"意境"二字，得之于学养，中国园林之所以称为文人园，实基于"文"，文人作品，又包括诗文、词曲、书画、金石、戏曲、文玩等等，甚矣学养之功难言哉。

此文就我浅见所及，提出来向大家求正，还望有所教我。

此文一九八六年二月在香港中文大学报告，一九八六年九月修改后在日本建筑学会一百周年年会报告

明清园林的社会背景与市民生活

中国园林发展到明清，可说已经是成熟时期。在封建社会历史阶段，也到顶点了。园林之盛，既超越前人，事出必非无因。当然与社会背景、市民生活，不可分割，此二者促使园林艺术得到新的成就。

明代从嘉靖、隆庆时代的稍安局面，至万历初年，施行"一条鞭"法，人民生活安定，社会经济较为繁荣，出现"四海澄平"的现象，到中期兼以采矿业、工商业的发展，形成富强的局面，而徽州、苏州和山陕商人应运而生，资本主义萌芽的出现产生了新兴的市民阶层。嘉靖万历以后，土地兼并加深，地主与官僚，其财富日益增加，生活日趋豪华，从今日所存的明代大住宅来看，以此时期与其后者为最多，虽然明初对建第宅规格极严，未敢逾越，迨至中叶后法律松弛，大宅遂多，但物质基础还是处于主要地位。建筑质量高，技术精致，具有"工整"、"雅秀"的风格。而园林之存者亦以此时为多，艺术水平亦高，如上海豫园、嘉定秋霞圃、苏州艺圃、泰州乔园等，当时市园之筑则较郊园为多，多数为宅园，便于朝夕可临，且视郊园为安隩，又减舟车之劳。

明清官僚到了晚年，告老还乡，必置田宅，悠游岁月，尽声色泉石之乐，故戏曲盛行，园林兴建。而此两者未能孤立言之，同时文学、书画又为造园之立意源渊。造园家精通诗画，雅擅剧曲，张涟、张南阳、计成、李渔等人才辈出。苏州、松江、吴兴、扬州、北京等地，名园林立，亦即官僚地主富商集中之地，文人会集，手工业发达，形成著名消费城市。造园在经济物质基础、自然环境、气候条件等，复皆具备。主人好客，文人画家策划，在造园中体现了闲情逸致的士大夫思想意识。名工巧匠为之经营建造，于是城市山林，宛自天开。文酒之会，几无虚日，藉啸傲林泉之资，用以培养声誉。家乐与园林，成为士大夫自命风雅的工具！钱谦益常熟拂水山庄、冒襄如皋水绘园，名士美人，林亭诗文，为人艳称，《陈圆圆传》所云："圆圆陈姓，玉峰（昆山）歌妓也。声甲天下之声，色甲天下之色。"昆山固多园林，半蚕园名满江南。魏良辅创"水磨调"，即当时盛行之昆曲。它如江西弋阳腔、浙江海盐腔，亦风行至盛，海盐多名园，有张氏涉园、冯氏绮园等，绮园今日在浙中应推第一。

地主官僚集于城市，造园匠师则来自农村，以廉价的工资为他们建造园林。吴县香山之木工，吴县胥口之假山工。苏州虎丘之泥塑花工，尤为人们称道。城市之手工业者，在造园中占一席位置，苏州、扬州之家具、砖木雕、书画装裱、文玩等，皆为园林重要组成部分，家具吴人称为"屋肚肠"。

园主粗解园事，文人画家立意绘图，匠师为之建造。故计成在《园冶》中有"独不闻'三分匠七分主人'之谚乎?""七分主人"实则包括园主与谋士在一起。当然有些园主如苏州艺圃文氏、太仓乐郊园王氏，本身便是文人画家，则条件更佳了。但是明清园林，虽风气所趋，而集腋成裘，增添城市绿化面积，未始非良举。市民之喜爱树石，盆栽花木，成为生活中不可缺少的乐事。至今尚存之名木古树，基本上为明清两代所遗者。因为经济财力的高下，园自有大小之分，及至普通市民，院中阶前亦必植树，安排小景，所以苏州在宋代已有"虽闾阎下户亦饰小山盆岛为玩"。此风沿及明清，踵事增华，"爱好是天然"（《牡丹亭》曲词），人们对园林的钟情，实是主要的造园社会因素。

明清时代市民的生活，是与其所处经济地位、职业、文化水平等分不开的。城市市民除地主、官僚、富商外，还有小商人、手工业者，以及数量极少的小吏与寒士。他们的生活在住的方面，一般皆为沿街房屋，江南且多数为二层，俗称"楼房儿"。稍富者为一厅两厢或四合院，他们量入为出，财力亦不一律，但在取得温饱之余，春秋佳日乐事从容，也要作郊游，苏州人游天平灵岩，杭州人游西湖，扬州人游瘦西湖，这些地方有园林，借他人池馆，稍作淹留，此亦人之常情。南京随园、杭州西湖的一些私家园林（又称庄子），可自由往游。庙台戏演出，市民空巷往观。平时早晨上茶馆，向晚小饮酒肆，薄醉而归，消失一天工作疲劳，有些人也喜欢养笼鸟及金鱼，玩玩小摆设，小名头书画，种点盆景，都是正常的业余爱好，可作为生活一部分来看。至于乐生送死、婚丧之事，则十分重视，在一生中是首要大事。俞振飞先生告诉我，他小时候在浙江南浔有唱昆曲的木偶戏。南浔在清代是名园集中地，今存者刘氏小莲庄，饶泉石之胜。书场则几遍城镇，跑江湖打拳头卖膏药，演"梨花落"小唱者等，这些也为市民生活添上趣味。

明代嘉靖年间，黄金每两折合白银五两，白银一两值钱一千文，当时二层楼居屋，上下四间值银十数两。猪一头，羊一只，金华酒五六坛，又香烛、纸扎、鸡鸭、黄酒之物，共计银四两，日用品物价如此。至清乾隆间，黄金一两值银近二十两，白银一两可换大钱七百文，当时米价每升十四五文。清同治中画家费丹旭（晓楼）、碤石蒋氏门客，年薪白银八十两。其时市民经济情况可窥一斑了。

我说过中国园林是综合性的一门学问，且包含哲理。明清园林的卓越成就，也反映了封建社会后期的文化水平，这门能在世界造园学中放出异彩的边缘科学，确为中华民族增添了光彩。而全民对园林风景的爱好，多方面的文化熏陶，产生了有时代风格的各种艺术。园林的成就，并不是单独的东西，很值得我们进一步的从多方面进行分析研究。这篇小文限于篇幅，也只能粗勾几笔，存其大略而已。

香港中文大学属稿所为，
收入同济大学出版社一九八七年五月版《帘青集》

梓室谈美

郁达夫在《日本的文化生活》中写道："日本人的庭园建筑，佛舍，浮屠，又是一种精微简洁，能在单纯里装点出趣味来的妙艺。甚至家家户户的厕所旁边，都能装置出一方池水，几树楠木，洗涤得窗明宇洁，使你闻觉不到秽浊的熏蒸。"作者为文学家，但寥寥数语真建筑行家之谈。"单纯里装点出趣味来的妙艺"，道出日本建筑的精神。

唐人张泌《寄人》诗："别梦依依到谢家，小廊回合曲阑斜。多情只有春庭月，犹为离人照落花。"此真写庭园建筑之美，回合曲廊，高下阑干，掩映于花木之间，宛若现于目前。而着一"斜"字又与下句"春庭月"相呼应。不但写出实物之美，而更点出光影之变幻。就描绘建筑言之，亦妙笔也。余集宋词有："庭户无人月上阶，满地阑干影。"（见拙编《苏州园林》）视张泌句自有轩轾，一显一隐，一蕴藉一率直，而写庭园之景则用意差堪似之。

清人江湜诗："秀难掩弱怜玄宰（董其昌），熟始呈能陋子昂（赵孟頫）。"评董、赵两家之书法真入骨三分。"秀难掩弱"四字真堪玩味。书画忌"俗、熟、浊",难于"清、新、静",而"重、拙、大",则最为上乘矣。

恽寿平云:"山从笔转,水向墨流。"此谓画山水画之高超纯熟境界。又云:"董宗伯(其昌)云,画石之法曰瘦、透、漏,看石亦然,即以玩石法画石乃得之。"余谓园林选石叠石亦然,其理一也。余曾云,书画石刻,能做到"用笔如用刀,用刀如用笔","软毫写硬字,坚毫写软字",则能转刚为柔,化柔为刚,以事物之转化,达运力之能事,产生更好之效果与美感。

恽寿平云:"青绿重色,为浓厚易,为浅淡难。为浅淡易,而愈见浓厚为尤难。"恽氏此论极精,所谓实处求虚,虚处得实。淡而不薄,厚而不滞,是种境地,诚从千百次实践中得之。余云作淡青绿山水,必先从浅绛山水中求之,浅绛山水又从墨笔山水中得之。盖色者敷也,副也。接气之用耳,画之精神全在笔墨中。所谓"真"才是美。

俞樾在清光绪初建苏州曲园(今半废,叶圣陶、顾颉刚、俞平伯诸先生建议重修),因地形为曲形,与篆文凸(曲)字相似,故名"曲园"。其中凿一凹形之小池,又与篆文凹(曲)字相似,命其亭为"曲水亭"。此用中国文字形式之美,作为设计之主导思想而构思成园者。俞平伯先生为曲园老人(俞樾)曾孙,久居北京,念故园,嘱余写"曲园芙蓉折枝"。赋诗为报:"丹青为写故园花,风露愁心恰似他。闻道曲园智井矣,一枝留梦到天涯。"真红学家之笔也。

恽寿平云:"元人园亭小景,只用树石坡池随意点置以亭台篱径,映带曲折,天趣萧闲,使人游赏无尽。"此数语可供研究元代园林布局之旁证。故余曾云，不知中国画理，无以言中国园林。

沈括《梦溪笔谈》："画牛虎皆画毛，惟马不画毛。"是论极有见地，余谓马之佳者，其毛细而贴身，望之光润，设一添毫便无骏气。尝见唐宋人画仕女发，乌黑平涂，望之如生。而神仙少须必笔笔画出。盖密浓者不能以碎笔为之。疏稀者必以繁笔达之，繁以简来概括，简以繁来表达，在艺术处理中，很多存在此理。

"凡观名迹，先论神气。以神气辨时代，审源流，考先匠，始能画一而无失。"此恽寿平论鉴赏古画之法，实则品题任何艺术品皆然。所谓气者，为物之概括全面反映，所谓从整体来观察事物。人们常言，"一见钟情"，辛弃疾词中之"乐莫乐新相识"，在着眼于第一面之最好印象。世间最美者亦在于此一瞬间。而《西厢记》所说："怎当他临去秋波那一转。"则又是在相反的情况下出之。其隽永印象一也。

挑灯偶读，掇拾一二，聊供夜谈而已。

一九八〇年春写

园林美与昆曲美

正是江南大伏天气，院子里的鸣蝉从早叫到晚，邻居的录音机又是各逞其威。虽然小斋中的这盆建兰开得那么馥郁，然而"树欲静而风不止"。在无可奈何的情况下，我也只好"以毒攻毒"，开起了我们这些所谓"顽固分子"充满了"士大夫情趣"者所乐爱的昆曲来。"袅情丝，吹来闲庭院，摇漾春如线。""朝飞暮卷，云霞翠轩。""雨丝风片，烟波画船。"（《牡丹亭·游园》）悠扬的音节，美丽的辞藻，慢慢地从昆曲美引入了园林美，难得浮生半日闲，我也能自寻其乐，陶醉在我闲适的境界里。

我国园林，从明清后发展到了成熟的阶段，尤其自明中叶后，昆曲盛行于江南，园与曲起了不可分割的关系。不但曲名与园林有关，而曲境与园林更互相依存，有时几乎曲境就是园境，而园境又同曲境。文学艺术的意境与园林是一致的，所谓不同形式表现而已。清代的戏曲家李渔又是个园林家。过去士大夫造园必须先建造花厅，而花厅又多以临水为多，或者再添水阁。花厅、水阁都是兼作顾曲之所，如苏州怡园藕香榭、网师园濯缨水阁等，水殿风来，余音绕梁，隔院笙歌，侧耳倾听，此情此景，确令人向往，勾起我的回忆。虽在溽暑，人们于绿云摇曳的荷花厅前，兴来一曲清歌，真有人间天上之感。当年俞平伯老先生们在清华大学工字门水边的曲会，至今还传为美谈，那时，朱自清先生亦在清华任教，他俩不少的文学作品，多少与此有关。

苏州拙政园的西部，过去名"补园"，有一座名"三十六鸳鸯馆"的花厅，它的结构，其顶是用卷棚顶，这种巧妙的形式，不但美观，可以看不到上面的屋架，而且对音响效果很好。原来主人张履谦先生，他既与画家顾若波等同布置补园，复酷嗜昆曲。俞振飞同志与其父亲粟庐先生皆客其家。俞先生的童年是成长在这园中。我每与俞先生谈及此事，他还娓娓地为我话说当年。

中国过去的园林，与当时人们的生活感情分不开，昆曲便是充实了园林内容的组成部分。在形的美之外，还有声的美，载歌载舞，因此在整个情趣上必须是一致的。从前拍摄"苏州园林"，及前年美国来拍摄"苏州"电影，我都建议配以昆曲音乐而成功的。昆曲的所谓"水磨调"，是那么地经过推敲，身段是那么细腻，咬字是那么准确，文辞是那么美丽，音节是那么抑扬，宜于小型的会唱与演出，因此园林中的厅榭、水阁，都是最好的表演场所，它不必如草台戏的那样用高腔，重以婉约含蓄移人，亦正如园林结构一样，"少而精"，"以少胜多"，耐人寻味。《牡丹亭·游园》唱词的"观之不足由他遣"。"观之不足"，就是中国园林精神所在，要含蓄不尽。如今国外自从"明轩"建成后，掀起了中国园林热，我想很可能昆曲热，不久也便会到来的。

昆曲之美，不仅仅在表演艺术，其文学、音韵、音乐，乃至一板一眼，皆经过了几百年的琢磨，确是我国文化的宝库。我记得在"文化革命"前，上海戏曲学校昆曲班，邀我去讲中国园林，有些人看来似乎是"笑话"，实则当时俞振飞校长真是有见地，演"游园""惊梦"的演员，如果他脑子中有了中国园林的境界，那他的一举一动，便不是无本之木，无源之水了，演来有感情，有生命，有声有色。梅兰芳、俞振飞诸老一辈的表演家，其能成一代宗师者，皆得之于戏剧之外的大量修养。我们有些人今天游园林，往往仅知吃喝玩乐，不解意境之美，似乎太可惜一点吧！

中国园林，以"雅"为主，"典雅"、"雅趣"、"雅致"、"雅淡"、"雅健"等等，莫不突出以"雅"。而昆曲之高者，所谓必具书卷气，其本质一也，就是说，都要有文化，将文化具体表现在作品上。中国园林，有高低起伏，有藏有隐，有动观、静观，有节奏，宜细赏，人游其间的那种悠闲情绪，是一首诗，一幅画，而不是匆匆而来，匆匆而去，走马看花，到此一游，而是宜坐，宜行，宜看，宜想。而昆曲呢，亦正为此，一唱三叹，曲终而味未尽，它不是那种"崩擦擦"，而是十分婉转的节奏，今日有许多青年不爱看昆曲，原因是多方面的，我看是一方面文化水平差了，领会不够；另一方面，那悠然多韵味的音节适应不了"崩擦擦"的急躁情绪，当然曲高和寡了。这不是昆曲本身不美，而正仿佛有些小朋友不爱吃橄榄一样，不知其味。我们有责任来提高他们，而不是降格迁就，要多作美学教育才是。

我们研究美学，要善于分析，要留心眼前复杂的事物，要深究其内在的关系。审美观点，有其阶级局限性，但我们要去研究它，寻其产生根源因素，找它在美上的表现，取其长而摒其短，囫囵吞枣，徒然停留在名词概念上，是缘木求鱼。我们历史中有许多在美学研究上，要我们努力去寻求的，今天随便拉了这个题目，说来也不够透彻，如是而已。我们要实事求是，以历史唯物主义观点，辩证地去解释它，要尊重自己的民族，自己的历史，自己的文化。多做一些大家容易接受的美学知识，想来同志们是必然同意的吧！

写到此，那"粉墙花影自重重，帘卷残荷水殿风"，《玉簪记·琴挑》的清新辞句，又依稀在我耳边，天虽仍是那么热，但在我的感觉上又出现了如画的园林。

一九八一年大伏

园林与山水画

清初画家恽南田（寿平）曾经说过："元人园亭小景，只用树石坡池，随意点置，以亭台篱径，映带曲折，天趣萧闲，使人游赏无尽。"这几句话可供研究元代园林的重要参证。所以，不知中国画理画论，难以言中国园林。我国园林自元代以后，它与画家的关系，几乎不可分割，倪云林（瓒）的清秘阁便是饶有山石之胜，石涛所为的扬州片石山房，至今犹在人间。著名的造园家，几乎皆工绘事，而画名却被园林之名所掩为多。

我国的绘画从元代以后，以写意多于写实，以抽象概括出之，重意境与情趣，移天缩地，正我国造园所必备者。言意境，讲韵味，表高洁之情操，求弦外之音韵，两者二而一也。此即我国造园特征所在。简言之，画中寓诗情，园林参画意，诗情画意遂为中国园林之主导思想。

画究经营位置，造园言布局，叠山求文理，画石讲皴法。山水画重脉络气势，园林尤重此端，前者坐观，后者入游。所谓立体画本，而晦明风雨，四时朝夕，其变化之多，更多于画本。至范山模水，各有所自。苏州环秀山庄假山，其笔意兼宋元诸家之长，变化之多，丘壑之妙，足称叠山典范，我曾誉为如诗中之李、杜。而诸时代叠山之嬗变，亦如画之风格紧密相关。清乾隆时假山之硕秀，一如当时之画，而同光间之碎弱，又复一如画风，故不究一时代之画，难言同时期之假山也。

石有品种不同，文理随之而异，画之皴法亦各臻其妙，石涛所谓"峰与皴合，皴自峰生"。无皴难以画石。盖皴法有别，画派遂之而异。故能者决不能以湖石写倪云林之竹石小品，用黄石叠黄鹤山樵之峰峦。因石与画家所运用之皴法有殊。如不明画派与画家所用表现手法，从未见有佳构。学养之功，促使其运石如用笔，腕底丘壑出现纸上。画家从真山而创造出各画派画法，而叠山家又用画家之法而再现山水。当然亦有许多假山直接摹拟于真山，然不参画理概括提高，皴法巧运，达文理之统一，必如写实模型，美丑互现，无画意可言矣。

中国园林花木，重姿态，色彩高低配置悉符画本。"枯藤老树昏鸦，小桥流水人家。"文学家、园林家、画家皆欣赏它，因有共同所追求之美的目标，而其组合方法，亦同画本所示者。画以纸为底。中国园林以素壁为背景，粉墙花影，宛若图画。故叠山家张涟能"以意创为假山，以营丘、北苑、大痴、黄鹤画法为之，峰壑湍濑，曲折平远，经营惨淡，巧夺化工"，已足够说明问题了。

一九八二年一月

建筑中的"借景"问题

"借景"在园林设计中，占着极重要的位置，不但设计园林要留心这一点，就是城市规划、居住建筑、公共建筑等设计，亦与它分不开。有些设计成功的园林，人入其中，翘首四顾，顿觉心旷神怡，妙处难言，一经分析，主要还是在于能巧妙地运用了"借景"的方法。这个方法，在我国古代造园中早已自发地应用了，直到明末崇祯年间，计成在他所著的《园冶》一书上总结了出来。他说："园林巧于因借。""构园无格，借景在因。""因者随基势高下，体形之端正，碍木删桠，泉流石注，互相借资，宜亭斯亭，宜榭斯榭，不妨偏径，顿置婉转，斯谓精而合宜者也。借者园虽别内外，得景无拘远近，晴峦耸秀，绀宇凌空，极目所至，俗者屏之，嘉者收之，不分町疃，尽为烟景，斯所谓巧而得体者也。""萧寺可以卜邻，梵音到耳，远峰偏宜借景，秀色堪餐。""夫借景者也，如远借、邻借、仰借、俯借、应时而借"等。清初李渔《一家言》也说"借景在因"。这些话给我们后代造园者，提出了一个很重要的原则。如今就管见所及来谈谈这个问题，不妥之处，尚请读者指正。

"景"既云"借"，当然其物不在我而在他，即化他人之物为我物，巧妙地吸收到自己的园中，增加了园林的景色。初期"借景"，大都利用天然山水。如晋代陶诗中的"采菊东篱下，悠然见南山"。其妙处在一"见"字，盖从有意无意中借得之，极自然与潇洒的情致。唐代王维有辋川别业，他说："余别业在辋川山谷。"同时的白居易草堂，亦在匡庐山中。清代钱泳《履园丛话》"芜湖长春园"条说，该园"赭山当牖，潭水潆洄，塔影钟声，不暇应接"。皆能看出他们在园林中所欲借的景色是什么了。"借景"比较具体的，正如北宋李格非《洛阳名园记》"上环溪"条所描写的："以南望，则嵩高少室龙门大谷，层峰翠嶙，毕效奇于前。""以北望，则隋唐宫阙楼殿，千门万户，岿峣璀璨，延亘十余里，凡左太冲十余年极力而赋者，可瞥目而尽也。""水北胡氏园"条："如其台四望尽百余里，而萦伊缭洛乎其间，林木荟蔚，烟云掩映，高楼曲榭，时隐时见，使画工极思不可图，而名之曰玩月台。"明人徐宏祖（霞客）《滇游日记》"游罗园"条："建一亭于外池南岸，北向临池，隔池则龙泉寺之殿阁参差。冈上浮屠倒浸波心，其地较九龙池愈高，而陂池罨映，泉源沸漾，为更奇也。"这些都是在选择造园地点时，事先作过精密的选择，即我们所谓"大处着眼"。像这种"借景"的方法，要算佛寺地点的处理最为到家。寺址十之八九处于山麓，前绕清溪，环顾四望，群山若拱，位置不但幽静，风力亦是最小，且藏而不露。至于山岚翠色，移置窗前，特其余事了，诚习佛最好的地方。正是"我见青山多妩媚，料青山见我应如是"。例如常熟兴福寺，虞山低小，然该寺所处的地点，不菅在崇山峻岭环抱之中。至于其内部，"曲径通幽处，禅房花木深"，复令人向往不已了。天台山国清寺、杭州灵隐寺、宁波天童寺等，都是如出一辙，其实例与记载不胜枚举。今日每见极好的风景区，对于建筑物的安排，很少在"借景"上用功夫，即本身建筑之所处亦不顾因地制宜，或踞山巅，或满山布屋，破坏了本区风景，更遑论他处"借景"，实在是值得考虑的事。

园林建筑首在因地制宜，计成所云"妙在因借"。当然"借景"亦因地不同，在运用上有所异，可是妙手能化平淡为神奇，反之即有极佳可借之景，亦等秋波枉送，视若无睹。试以江南园林而论，常熟诸园什九采用平冈小丘，以虞山为借景，纳园外景物于园内。无锡惠山寄畅园其法相同。北京颐和园内谐趣园即仿后者而筑，设计时在同一原则下以水及平冈曲岸为主，最重要的是利用万寿山为"借景"。于此方信古人即使摹拟，亦从大处着眼，掌握其基本精神入手。至于杭州、扬州、南京诸园，又各因山因水而异其布局与"借景"，松江、苏州、常熟、嘉兴诸园，更有"借景"园外塔影的。正如钱泳所说"造园如作诗文，必使曲折有法"，是各尽其妙的了。

明人徐宏祖（霞客）《滇游日记》云"北邻花红正熟，枝压南墙，红艳可爱……"以及宋人"春色满园关不住，一枝红杏出墙来"等句，是多么富于诗意的小园"借景"。这北邻的花红与一枝出墙的红杏，它给隔院人家起了多少美的境界。《园冶》又说："若对邻氏之花，才几分消息，可以招呼，收春无尽。"于此可知"借景"可以大，也可以小。计成不是说"远借"、"邻借"么？清人沈三白《浮生六记》上说："此处仰视峰岭，俯视园亭，既旷且幽。"又是俯仰之间都有佳景。过去诗人画家虽结屋三椽，对"借景"一道，却不随意轻抛的，如"倚山为墙，临水为渠"。我觉得现在的居住区域，人家与人家之间，不妨结合实用以短垣或篱落相间，间列漏窗，垂以藤萝，"隔篱呼取"，"借景"邻宅，别饶清趣，较之一览无余，门户相对，似乎应该好一点罢。至于清代厉鹗《东城杂记》"杭州半山园"条："半山当庚园之北，两园相距才隔一巷耳。若登庚园北楼望之，林光岩翠，袭人襟带间，而鸟语花香，固已引人入胜。其东为古华藏寺，每当黄昏人定之后，五更鸡唱之先，水韵松声，亦时与断鼓零钟相答响。"则又是一番境界了。

苏州园林大部分为封闭性，园外无可"借景"，因此园内尽量采用"对景"的办法。其实"对景"与"借景"却是一回事，"借景"即园外的"对景"。比如拙政园内的枇杷园，月门正对雪香云蔚亭，我们称之谓该处极好的对景。实则雪香云蔚亭一带，如单独对枇杷园而论，是该小院佳妙的"借景"。绣绮亭在小山之上，紧倚枇杷园，登亭可以俯视短垣内整个小院，远眺可极目见山楼。这是一种小范围内做到左右前后高低互借的办法。玉兰堂及海棠春坞前的小院"借景"大园，又是能于小处见大，处境空灵的一种了；而"宜两亭"则更明言互相"借景"了。

我们今日设计园林，对于优良传统手法之一的"借景"，当然要继承并且扩大应用的，可是有些设计者往往专从园林本身平面布局的图纸上推敲，缺少到现场作实地详细的踏勘，对于借景一点，就难免会忽略过去。譬如上海高楼大厦较多，假山布置偶一不当，便不能有山林之感，两者对比之下，给人们的感觉就极不协调；假如真的要以高楼为"借景"的话，那么在设计时又须另作一番研究了。苏州马医科巷楼园，园位于土阜上，登阜四望无景可借，于是多面筑屋以蔽之。正如《园冶》所说"俗者屏之，佳者收之"的办法。沪西中山公园在这一点上，似乎较他园略高一筹，设计时在如何与市嚣隔绝上，用了一些办法。我们登其东南角土阜，极目远望，不见园外房屋，尽量避免不能借的景物，然后园内凿池垒石，方才可使游人如入山林。上海西郊公园占地较广，我以为不宜堆叠高山，因四周或远或近尚多高楼建筑。将来扩建时，如能以附近原有水塘加以组织联系，杂以蒹葭，则游人荡舟其中，仿佛迷离烟水，如入杭州西溪。园林水面一旦广阔，其效果除发挥水在园林中应有的美景外，减少尘灰实是又一重要因素。故北京圆明园、三海等莫不有辽阔的水面，并利用水的倒影、林木及建筑物，得能虚实互见，这是更为动人的"对景"了。明代《袁小修日记》云："与宛陵吴师每同赴米友石海淀园。京师为园，所艰者水耳。此处独绕水，楼阁皆凌水，一如画舫，莲花最盛，芳艳销魂，有楼可望西山秀色。"米万钟诗云："更喜高楼（按，指翠葆榭）明月夜，悠然把酒对西山。"此处不但形容与说明了水在该园林中的作用，更描写了该园与颐和园一样的"借景"西山。

园林"借景"各有特色，不能强不同以为同。热河避暑山庄以环山及八大庙建筑为"借景"。南京玄武湖则以南京城与钟山为"借景"，而最突出的就是沿湖城垣的倒影，使人一望而知这是玄武湖。如今沿城筑堤，又复去了女墙，原来美妙的倒影，已不复可见了。西湖有南、北二峰，湖中间以苏、白二堤为其特色，而保俶、雷峰两塔的倒影，是最足使游人流连而不忘的一个突出景象。北京北海的琼华岛、颐和园的万寿山及远处的西山，又为这三处的特色。他若扬州的瘦西湖，我们若坐钓鱼台，从圆拱门中望莲花桥（五亭桥），从方砖框中望白塔，不但使人觉得这处应用了极佳的"对景"，而且最充分地表明了这是瘦西湖。如今对大规模的园林，往往在设计时忽略了各处特色，强以西湖为标准，不顾因地制宜的原则，这又有什么意义可谈。颐和园亦强拟西湖，虽然相同中亦寓有不同，然游过西湖者到此，总不免有仿造风景之感。

我们祖先对"借景"的应用，不仅在造园方面，而且在城市地区的选择上，除政治、经济、军事等其他因素外，对于城郭外山水的因借，亦是经过十分慎重的考虑的，因为广大人民所居住的区域，谁都想有一个好的环境。《袁小修日记》："沿村山水清丽，人家第宅枕藉山中，危楼跨水，高阁依云，松篁夹路。"像这样的环境，怎不令人为之神往。清代姚鼐《登泰山记》所描写的泰安城："望晚日照城郭，汶水、徂徕如画，而半山居雾若带然。"这种山麓城市的境界，又何等光景呢？是种实例甚多，如广西桂林城、陕西华阴城等，举此略见一斑。至于陵墓地点的选择，虽名为风水所关，然揆之事实，又何独不在"借景"上用过一番思考。试以南京明孝陵与中山陵作比较，前者根据钟山天然地势，逶迤曲折的墓道通到方城（墓地）。我们立方城之上，环顾山势如抱，隔江远山若屏，俯视宫城如在眼底，朔风虽烈，此处独无。故当年朱元璋迁灵谷寺而定孝陵于此，是有其道理的。反之，中山陵远望则显，露而不藏，祭殿高耸势若危楼，就其地四望，又觉空而不敛，借景无从，只有崇宏庄严之气势，而无幽深邈远之景象，盛夏严冬，徒苦登临者。二者相比，身临其境者都能感觉得到的。再看北京昌平的明十三陵，乃以天寿山为背景、群山环抱，其地势之选择亦有其独到的地方。至于宫殿，若秦阿房宫之覆压三百余里，唐大明宫之面对终南山，南宋宫殿之襟带江（钱塘江）湖（西湖），在借景上都是经过一番研究的，直到今天还值得我们参考。

总之，"借景"是一个设计上的原则，而在应用上还是需要根据不同的具体情况，因地因时而有所异。设计的人须从审美的角度加以灵活应用，不但单独的建筑物须加以考虑，即建筑物与建筑物之间，建筑物与环境之间，都须经过一番思考与研究。如此，则在整体观念上必然会进一步得到提高，而对居住者美感上的要求，更会进一步得到满足了。

《同济学报》（建筑版）

一九五八年第一期

廊・亭・桥

廊

"别梦依依到谢家，小廊回合曲阑斜。"一千多年前的唐诗，就点出了廊在庭院中的妙用。我国古代建筑的单体与单体之间，必依靠廊来作联系，才能成为一个整体。在园林等风景区，则更是因地制宜，巧于安排，构筑了曲直、高低、爬山、临水等多种式样的廊。

廊在园林中是游览线，又起着分割空间、组合景物的作用。廊引人随，水石其间，移步换影，幅幅成图。像驰名中外的北京颐和园的长廊，漫步其间，得以饱览昆明湖的湖光景色。而苏州拙政园的水廊，则轻盈婉约，人行其上，宛如凌波漫步。扬州西园前的香影廊，未至其境，名已醉人。至于苏州沧浪亭的复廊，用花墙分隔，使园有界非界，似隔非隔，令人遐思无限。扬州园林主体建筑用楼，其廊亦作楼式，即复道廊，形成了多层的游览线，寄啸山庄是为佳例。

廊之运用得当与否，有关全局，高下得宜，曲折有度，尤其在可有可无之间，益见功力。即竹廊三折，雅素无华，亦必婉转宜人。至于千步长廊，阔爽平直，则又为别调了。

亭

人们在旅途间，或在游览中，每见一亭，总想小憩片刻，借以恢复暂时的疲劳与观赏四周的景色，即"亭者，停也"。同时，因为它本身形式的丰富多彩，成为点缀风景的主要建筑小品之一。

亭之美，除造型外，还在于所处之景与所对之景，水边亭、山际亭、林间亭、花畔亭、桥上亭、廊中亭，地位不同，景因而异。仁云亭、快雪亭、待霜亭、牡丹亭之类，又因时而殊。可见亭之构筑非孤立的一座建筑物。

亭在风景区与园林中，起着"点景"与"引景"的作用。北京的景山五亭，为城内的最高点，每到北京的人，常为它所吸引，必登高一快，以饱览首都景色。苏州拙政园的扇面亭，亭名"与谁同坐轩"，小亭临流，静观自得。笠亭如盖，半枕山腰。而网师园之月到风来亭又正点出此亭观景之妙。

至于亭的形式，真是变化多端，可分方、圆、多边、海棠、梅花等等多种。按材料的不同，又有饶多野趣的茅亭、雅洁玲珑的竹亭、庄严凝重的石亭与翚飞多姿的木构亭，它在园林建筑中展示了最美丽的一页。

桥

桥，古代称为"河梁"，是架在水上的行道，虽属解决交通问题的一项工程，但是聪敏的我国古代人民，总是设法把它和生活、感情、艺术结合起来，是那么富于诗情画意。"小桥流水"足以令人想望江南水乡景色，而风景区的"断桥残雪"、交通要道的"卢沟晓月"，又使人必与四周的风物人情联系在一起。而园林中的桥，正是建筑艺术中的精品。

北京颐和园十七孔长桥卧波，陆水之间，平分秋色，为该园增添上几许光彩。晶莹如雪的玉带桥，一亭翼然的石桥，轻轻地划破了湖面的平整，淡淡地点醒了山影的静穆，又烘托了四时佳景。

江南园林之桥，以雅洁精巧取胜。玲珑空透的拱桥，崛起空间，人桥倒影，更显得云高水阔，而水平线条的梁板石桥，则贴水而过，观赏游鳞莲蕖，益得情趣。苏州拙政园是以动观为主的园林，曲桥不但使水面分隔空间，更与曲廊一样起着"桥引人随"的作用，其分庭妙运，思致相同。网师园园小而精，以静观为主，廉泉桥小小一拱，横枕涧上，隐处园隅，安排得那么妥帖，游者至此，往往留步。

美丽的中国园林桥梁，形式丰富多姿，有梁式桥、拱桥、浮桥、廊桥、亭桥等，在世界建筑艺术上放出一种独特光彩！

《人民画报》

一九八一年第四期

苏州园林概述

一

我国园林，如从历史上溯源的话，当推古代的囿与园，以及《汉制考》上所称的苑。《周礼·天官·大宰》："九职，二曰园圃，毓草本。"《地官·囿人》："掌囿游之兽禁，牧百兽。"《地官·载师》："以场圃任园地。"《说文》："囿，苑有垣也。一曰，禽兽曰囿。""圃，种菜曰圃。""园，所以树果也。""苑，所以养禽兽也。"据此，则囿、园、苑的含意已明。我们知道稀韦的囿，黄帝的圃，已开囿圃之端。到了三代，苑囿专为狩猎的地方，例如周姬昌（文王）的囿，刍荛雉兔，与民同利。秦汉以后，园林渐渐变为统治者游乐的地方，兴建楼馆，藻饰华丽了。秦嬴政（始皇）筑秦宫，跨渭水南北，覆压三百里。汉刘彻（武帝）营上林苑、甘泉苑，以及建章宫北的太液池，在历史的记载上都是范围很大的。其后刘武（梁孝王）的兔园，开始了叠山的先河。魏曹丕（文帝）更有芳林园。隋杨广（炀帝）造西苑。唐李漼（懿宗）于苑中造山植木，建为园林。北宋赵佶（徽宗）之营艮岳，为中国园林之最著于史籍者。宋室南渡，于临安（杭州）建造玉津、聚景、集芳等园。元忽必烈（世祖）因辽金琼华岛为万岁山太液池。明清以降除踵前遗规外，并营建西苑、南苑，以及西郊畅春、清漪、圆明等诸园，其数目视前代更多了。

私家园林的发展，汉代袁广汉于洛阳北邙山下筑园，东西四里，南北五里，构石为山，复蓄禽兽其间，可见其规模之大了。梁冀多规苑囿，西至弘农，东至荥阳，南入鲁阳，北到河淇，周围千里。又司农张伦造景阳山，其园林布置有若自然。可见当时园林在建筑艺术上已有很高的造诣了。尚有茹皓，吴人，采北邙及南山佳石，复筑楼馆列于上下，并引泉莳花，这些都以人工代天巧。魏晋六朝这个时期，是中国思想史上大转变的时代，亦是中国历史上战争最频繁的时代，士大夫习于服食，崇尚清谈，再兼以佛学倡盛，于是礼佛养性，遂萌出世之念，虽居城市，辄作山林之想。在文学方面有咏大自然的诗文，绘画方面有山水画的出现，在建筑方面就在第宅之旁筑园了。石崇在洛阳建金谷园，从其《思归引序》来看，其设计主导思想是"避嚣烦"，"寄情赏"。再从《梁书·萧统传》、徐勉《戒子嵩书》、庾信《小园赋》等来看，他们的言论亦不外此意。唐代如宋之问的蓝田别墅、李德裕的平泉别墅、王维的辋川别业，皆有竹洲花坞之胜，清流翠篠之趣，人工景物，仿佛天成。而白居易的草堂，尤能利用自然，参合借景的方法。宋代李格非《洛阳名园记》、周密《吴兴园林记》，前者记北宋时所存隋唐以来洛阳名园如富郑公园等，后者记南宋吴兴园林如沈尚书园等。

记中所述，几与今日所见园林无甚二致。明清以后，园林数目远迈前代，如北京勺园、漫园，扬州影园、九峰园、个园，海宁安澜园，杭州小有天园，以及明王世贞《游金陵诸园记》所记东园等，其数不胜枚举。今存者如杭州皋园，南浔适园、宜园、小莲庄，上海豫园，常熟燕园，南翔古猗园，无锡寄畅园等，为数尚多，而苏州又为各地之冠。如今我们来看看苏州园林在历史上的发展。

二

苏州在政治、经济、文化上，远在春秋时的吴，已经有了基础，其后在两汉、两晋又逐渐发展。春秋时吴之梧桐园，以及晋之顾辟疆园，已开苏州园林的先声。六朝时江南已为全国富庶之区，扬州、南京、苏州等处的经济基础，到后来形成有以商业为主，有以丝织品及手工业为主，有为官僚地主的消费城市。苏州就是手工业重要产地兼官僚地主的消费城市。

我们知道，六朝以还，继以隋代杨广（炀帝）开运河，促使南北物资交流；唐以来因海外贸易，江南富庶视前更形繁荣。唐末中原诸省战争频繁，受到很大的破坏，可是南唐吴越范围，在政治上、经济上尚是小康局面，因此有余力兴建园林，宋时苏州朱长文因吴越钱氏旧园而筑乐圃，即是一例。北宋江南上承南唐、吴越之旧，地方未受干戈，经济上没有受重大影响，园林兴建不辍。及赵构（高宗）南渡，苏州又为平江府治所在，赵构曾一度"驻跸"于此，王唤营平江府治，其北部凿池构亭，即使官衙亦附以园林。其时土地兼并已甚，豪门巨富之宅，其园林建筑不言可知了。故两宋之时，苏州园林著名者，如苏舜钦就吴越钱氏故园为沧浪亭，梅宣义构五亩园，朱长文筑乐园，而朱勔为赵佶营艮岳外，复自营同乐园，皆较为著的。元时江浙仍为财富集中之地，故园林亦有所兴建，如狮子林即其一例。迨入明清，土地兼并之风更甚，而苏州自唐宋以来已是丝织品与各种美术工业品的产地，又为地主官僚的集中地，并且由科举登第者最多，以清一代而论，状元之多为全国冠。这些人年老归家，购田宅，设巨肆，除直接从土地上剥削外，再从商业上经营盘剥，以其所得大建园林以娱晚境。而手工业所生产，亦供若辈使用。其经济情况大略如此。它与隋唐洛阳、南宋吴兴、明代南京，是同样情况的。

除了上述情况之外，在自然环境上，苏州水道纵横，湖泊罗布，随处可得泉引水，兼以土地肥沃，花卉树木易于繁滋。当地产石，除尧峰山外，洞庭东西二山所产湖石，取材便利。距苏州稍远的如江阴黄山、宜兴张公洞、镇江圌山、大岘山、句容龙潭、南京青龙山、昆山、马鞍山等所产，虽不及苏州为佳，然运材亦便。而苏州诸园之选峰择石，首推湖石，因其姿态入画，具备造园条件。《宋书·戴颙传》：颙"出居吴下，吴下士人共为筑室，聚石引水，植林开涧，少时繁密，有若自然。"即其一例。其次，苏州为人文荟萃之所，诗文书画人才辈出，士大夫除自出新意外，复利用了很多门客，如《吴风录》载："朱勔子孙居虎丘之麓，以种艺选石为业，游于王侯之门，俗称花园子。"又周密《癸辛杂识》云："工人特出吴兴，谓之山匠，或亦朱勔之遗风。"既有人为之策划，又兼有巧匠，故自宋以来造园家如俞澂、陆叠山、计成、文震亨、张涟、张然、叶洮、李渔、仇好石、戈裕良等，皆江浙人。今日叠石匠师出南京、苏州、金华三地，而以苏州匠师为首，是有历史根源的。但士大夫固然有财力兴建园林，然《吴风录》所载，"虽闾阎下户亦饰小山盆岛为玩"，这可说明当地人民对自然的爱好了。

苏州园林在今日保存者为数最多，且亦最完整，如能全部加以整理，不啻是个花园城市。故言中国园林，当推苏州了，我曾经称誉云："江南园林甲天下，苏州园林甲江南。"这些园林我经过五年的调查踏勘，复曾参与了修复工作，前夏与今夏又率领同济大学建筑系的同学作教学实习，主要对象是古建筑与园林，逗留时间较久，遂以测绘与摄影所得，利用拙政园、留园两个最大的园作例，略略加以说明一些苏州园林在历史上的发展，与设计方面的手法，供大家研究。其他的一些小园林，有必要述及的，亦一并包括在内。

三

【拙政园】拙政园在娄、齐二门间的东北街。明嘉靖时（公元一五二二至一五六六年）王献臣因大宏寺废地营别墅，是此园的开始。"拙政"二字的由来，是用潘岳"拙者之为政"的意思。后其子以赌博负失，归里中徐氏。清初属海宁陈之遴，陈因罪充军塞外，此园一度为驻防将军府，其后又为兵备道馆。吴三桂婿王永宁亦曾就居于此园。后没入公家，康熙初改苏松常道新署，其后玄烨（康熙）南巡，也来游到此。苏松常道缺裁，散为民居。乾隆初归蒋棨，易名复园。嘉庆中再归海宁查世倓，复归平湖吴璥。迨太平天国克复苏州，又为忠王府的一部分。太平天国失败，为清政府所据。同治十年（公元一八七一年）改为八旗奉直会馆，仍名拙政园。西部归张履谦所有，易名补园。解放后已合而为一。

拙政园的布局主题是以水为中心。池水面积约占总面积五分之三，主要建筑物十之八九皆临水而筑。文徵明《拙政园记》："郡城东北界娄、齐门之间，居多隙地，有积水亘其中，稍加浚治，环以林木。……"据此可以知道是利用原来地形而设计的，与明末计成《园冶》中《相地》一节所说"高方欲就亭台，低凹可开池沼……"的因地制宜方法相符合。故该园以水为主，实有其道理在。在苏州不但此园如此，阔阶头巷的网师园，水占全园面积达五分之四。平门的五亩园亦池沼逶迤，望之弥然，莫不利用原来的地形而加以浚治的。景德路环秀山庄，乾隆间蒋楫凿池得泉，名"飞雪"，亦是解决水源的好办法。

园可分中、西、东三部，中部系该园主要部分，旧时规模所存尚多，西部即张氏补园，已大加改建，然布置尚是平妥。东部为明王心一归田园居，久废，正在重建中。

中部远香堂为该园的主要建筑物，单檐歇山面阔三间的四面厅，从厅内通过窗棂四望，南为小池假山，广玉兰数竿，扶疏接叶，云墙下古榆依石，幽竹傍岩，山旁修廊曲折，导游者自园外入内。似此的布置不但在进门处可以如入山林，而坐厅南望亦有山如屏，不觉有显明的入口，它与住宅入口处置内照壁，或置屏风等来作间隔的方法，采用同一的手法。东望绣绮亭，西接倚玉轩，北临荷池，而隔岸雪香云蔚亭与待霜亭突出水面小山之上。游者坐此厅中，则一园之景可先窥其轮廓了。以此厅为中心的南北轴线上，高低起伏，主题突出。而尤以池中岛屿环以流水，掩以丛竹，临水湖石参差，使人望去殊多不尽之意，仿佛置身于天然池沼中。从远香堂缘水东行，跨倚虹桥，桥与阑皆甚低，系明代旧构。越桥达倚虹亭，亭倚墙而作，仅三面临空，故又名"东半亭"。向北达梧竹幽居，亭四角攒尖，每面辟一圆拱门。此处系中部东尽头，从二道圆拱门望池中景物，如入环中，而隔岸极远处的西半亭隐然在望。是亭内又为一圆拱门，倒映水中，所谓别有洞天以通西部的。亭背则北寺塔耸立云霄中，为极妙的借景。左顾远香堂、倚玉轩及香洲等，右盼两岛，前者为华丽的建筑群，后者为天然图画。刘师敦桢云："此为园林设计上运用最好的对比方法。"根据实际情况，东西二岸水面距离并不太大，然而看去反觉深远特甚。设计时在水面隔以梁式石桥，逶迤曲折，人们视线从水面上通过石桥才达彼岸。两旁一面是人工华丽的建筑，一面是天然苍翠的小山，二者之间水是修长的，自然使人们感觉更加深远与扩大。对岸老榆傍岸，垂杨临水，其间一洞窈然，楼台画出，又别有天地了。从梧竹幽居经三曲桥，小径分歧，屈曲循道登山，达巅为待霜亭，亭六角，翼然出丛竹间。向东襟带绿漪亭，西则复与长方形的雪香云蔚亭相呼应。此岛平面为三角形，与雪香云蔚亭一岛椭圆形者有别，二者之间一溪相隔，溪上覆以小桥，其旁幽篁丛出，老树斜依，而清流涓涓，宛若与树上流莺相酬答，至此顿忘尘嚣。自雪香云蔚亭而下，便到荷风四面亭。亭亦六角，居三路之交点，前后皆以曲桥相贯，前通倚玉轩而后达见山楼及别有洞天。经曲廊名柳荫路曲者达见山楼，楼为重檐歇山顶，以假山构成云梯，可导至楼层。是楼位居中部西北之角，因此登楼远望，其至四周距离较大，所见景物亦远，如转眼北眺，则城隈景物，又瞬入眼帘了。此种手法，在中国园林中最为常用，如中由吉巷半园用五边形亭，狮子林用扇面亭，皆置于角间略高的山巅。至于此园面积较大，而积水弥漫，建一重楼，但望去不觉高耸凌云，而水间倒影清澈，尤增园林景色。然在设计时，应注意其立面线脚，宜多用横线，与水面取得平行，以求统一。香洲俗呼"旱船"，形似船而不能行水者。入舱置一大镜，故从倚玉轩西望，镜中景物，真幻莫辨。楼上名澄观楼，亦宜眺远。向南为得真亭，内置一镜，命意与前同。是区水面狭长，上跨石桥名"小飞虹"，将水面划分为二。其南水榭三间，名"小沧浪"，亦跨水上，又将水面再度划分。二者之下皆空，不但不觉其局促，反觉面积扩大，空灵异常，层次渐多了。人们视线从小沧浪穿小飞虹及一庭秋月啸松风亭，水面极为辽阔，而荷风四面亭倒影、香洲侧影、远山楼角皆先后入眼中，真有从小窥大，顿觉开朗的样子。枇杷园在远香堂东南，以云墙相隔。通月门，则嘉实亭与玲珑馆分列于前，复自月门回望雪香云蔚亭，如在环中，此为最好的对景。我们坐园中，垣外高槐亭台，移置身前，为极好的借景。园内用鹅子石铺地，雅洁异常，惜沿墙假山修时已变更原形，而云墙上部无收头，转折又略嫌生硬。从玲珑馆旁曲廊至海棠春坞，屋仅面阔二间，阶前古树一木，海棠一树，佳石一二，近屋回以短廊，漏窗外亭阁水石隐约在望，其环境表面上看来是封闭的，而实际是处处通畅，面面玲珑，置身其间，便感到密处有疏，小处现大，可见设计手法运用的巧妙了。

西部与中部原来是不分开的，后来一园划分为二，始用墙间隔，如今又合而为一，因此墙上开了漏窗。当其划分时，西部欲求有整体性，于是不得不在小范围内加工，沿水的墙边就构了水廊。廊复有曲折高低的变化，人行其上，宛若凌波。是苏州诸园中之游廊极则。卅六鸳鸯馆与十八曼陀罗花馆系鸳鸯厅，为西部主要建筑物，外观为歇山顶，面阔三间，内用卷棚四卷，四隅各加暖阁，其形制为国内惟一孤例。此厅体积似乎较大，其因实由于西部划分后，欲成为独立的单位，此厅遂为主要建筑部分，在需要上不能不建造。但碍于地形，于是将前部空间缩小，后部挑出水中，这虽然解决了地位安顿问题，但卒使水面变狭与对岸之山距离太近，陆地缩小，而本身又觉与全园不称，当然是美中不足处。此厅为主人宴会与顾曲之处，因此在房屋结构上，除运用卷棚顶以增加演奏效果外，其四隅之暖阁，既解决进出时风击问题，复可利用为宴会时仆从听候之处，演奏时暂作后台之用，设想上是相当周到。内部的装修精致，与留听阁同为苏州少见的。至于初春十八曼陀罗花馆看宝朱山茶花，夏日卅六鸳鸯馆看鸳鸯于荷藻间，宜乎南北各置一厅。对岸为浮翠阁，八角二层，登阁可鸟瞰全园，惜太高峻，与环境不称。其下隔溪小山上置二亭，即笠亭与扇面亭。亭皆不大，盖山较低小，不得不使然。扇亭位于临流转角，因地而设，宜于闲眺，故颜其额为"与谁同坐轩"。亭下为修长流水，水廊缘边以达倒影楼。楼为歇山顶，高二层，与六角攒尖的宜两亭遥遥相对，皆倒影水中，互为对景。鸳鸯厅西部之溪流中，置塔影亭，它与其北的留听阁，同样在狭长的水面二尽头，而外观形式亦相仿佛，不过地位视前二者为低，布局与命意还是相同的。塔影亭南，原为补园入口以通张宅的，今已封闭。

东部久废，刻在重建中，从略。

【留园】在阊门外留园路，明中叶为徐泰时东园，清嘉庆间（约公元一八〇〇年左右）刘恕重建，以园中多白皮松，故名"寒碧山庄"，又称"刘园"。园中旧有十二峰，为太湖石之上选。光绪二年（公元一八七六年）间归盛康，易名"留园"。园占地五十市亩，面积为苏州诸园之冠。

是园可划分为东、西、中、北四部。中部以水为主，环绕山石楼阁，贯以长廊小桥。东部以建筑为主，列大型厅堂，参置轩齐，间列立峰斧劈，在平面上曲折多变。西部以大假山为主，漫山枫林，亭榭一二，南面环以曲水，仿晋人武陵桃源。是区与中部以云墙相隔，红叶出粉墙之上，望之若云霞，为中部最好的借景。北部旧构已毁，今又重辟，平淡无足观，从略。

中部：入园门经二小院至绿荫，自漏窗北望，隐约见山池楼阁片断。向西达涵碧山房三间，硬山造，为中部的主要建筑。前为小院，中置牡丹台，后临荷池。其左明瑟楼倚涵碧山房而筑，高二层，屋顶用单面歇山，外观玲珑，由云梯可导至二层。复从涵碧山房西折上爬山游廊，登闻木樨香轩，坐此可周视中部，尤其东部之曲溪楼、清风池馆、汲古得绠处及远翠阁等参差前后、高下相呼的诸楼阁，掩映于古木奇石之间。南面则廊屋花墙，水阁联续，而明瑟楼微突水面，涵碧山房之凉台再突水面，层层布局，略作环抱之势。楼前清水一池，倒影历历在目。自闻木樨香轩向北东折，经游廊，达远翠阁。是阁位置于中部东北角，其用意与拙政园见山楼相同，不过一在水一在陆，又紧依东部，隔花墙为东部最好的借景。小蓬莱宛在水中央，濠濮亭列其旁，皆几与水平。如此对比，容易显山之峻与楼之高。曲溪楼底层西墙皆列砖框、漏窗，游者至此，感觉处处邻虚，移步换影，眼底如画。而尤其举首西望，秋时枫林如醉，衬托于云墙之后，其下高低起伏若波然，最令人依恋不已。北面为假山，可亭六角出假山之上，其后则为长廊了。

东部主要建筑物有二：其一五峰仙馆（楠木厅），面阔五间，系硬山造。内部装修陈设，精致雅洁，为江南旧式厅堂布置之上选。其前后左右，皆有大小不等的院子。前、后二院皆列假山，人坐厅中，仿佛面对岩壑。然此法为明计成所不取，《园冶》云："人皆厅前掇山，环堵中耸起高高三峰，排列于前，殊为可笑。"此厅列五峰于前，似觉太挤，了无生趣。而计成认为，在这种情况下，应该是"以予见或有嘉树稍点玲珑石块，不然墙中嵌埋壁岩，或顶植卉木垂萝，似有深境也"。我觉得这办法是比较妥善多了。后部小山前，有清泉一泓，境界至静，惜源头久没，泉呈时涸时有之态。山后沿墙绕以回廊，可通左右前后。游者至此，偶一不慎，方向莫辨。在此小院中左眺远翠阁，则隔院楼台又炯然在目，使人益觉该园之宽大。其旁汲古得缑处，小屋一间，紧依五峰仙馆，入内则四壁皆虚，中部景物又复现眼前。其与五峰仙馆相联接处的小院，中植梧桐一树，望之亭亭如盖，此小空间的处理是极好的手法。还我读书处与揖峰轩都是两个小院，在五峰仙馆的左邻，是介于与林泉耆硕之馆中间，为二大建筑物中之过渡。小院绕以回廊，间以砖框。院中安排佳木修竹，萱草片石，都是方寸得宜，楚楚有致，使人有静中生趣之感，充分发挥了小院落的设计手法，而游者至此往往相失。由揖峰轩向东为林泉耆硕之馆，俗呼"鸳鸯厅"，装修陈设极尽富丽。屋面阔五间，单檐歇山造，前、后二厅，内部各施卷棚，主要一面向北，大木梁架用"扁作"，有雕刻，南面用"圆作"，无雕刻。厅北对冠云沼，冠云、岫云、朵云三峰以及冠云亭、冠云楼。三峰为明代旧物，苏州最大的湖石。冠云峰后侧为冠云亭，亭六角，倚玉兰花下。向北登云梯上冠云楼，虎丘塔影，阡陌平畴，移置窗前了。仁云庵与冠云台位于沼之东西。从冠云台入月门，乃佳晴喜雨快雪之亭。亭内楠木槅扇六扇，雕刻甚精。惜是亭面西，难免受阳光风露之损伤。东园一角为新辟，山石平淡无奇，不足与旧构相颉颃了。

西部园林以时代而论，似为明东园旧规，山用积土，间列黄石，犹是李渔所云"小山用石，大山用土"的老办法，因此漫山枫树得以滋根。林中配二亭：一为舒啸亭，系圆攒尖；一为至乐亭，六边形，系仿天平山范祠御碑亭而略变形的，在苏南还是创见。前者隐于枫林间，后者据西北山腰，可以上下眺望。南环清溪，植桃柳成荫，原期使人至此有世外之感，但有意为之，顿成做作。以人工胜天然，在园林中实是不易的事。溪流终点，则为活泼泼的，一阁临水，水自阁下流入，人在阁中，仿佛跨溪之上，不觉有尽头了。惟该区假山，经数度增修，殊失原态。

北部旧构已毁，今新建，无亭台花木之胜。

四

江南园林占地不广，然千岩万壑，清流碧潭，皆宛然如画，正如钱泳所说："造园如作诗文，必使曲折有法。"因此对于山水、亭台、厅堂、楼阁、曲池、方沼、花墙、游廊等之安排划分，必使风花雪月，光景常新，不落窠臼，始为上品。对于总体布局及空间处理，务使有扩大之感，观之不尽，而风景多变，极尽规划的能事。总体布局可分以下几种：

中部以水为主题，贯以小桥，绕以游廊，间列亭台楼阁，大者中列岛屿。此类如网师园以及怡园等之中部。庙堂巷畅园，地颇狭小，一水居中，绕以廊屋，宛如盆景。留园虽以水为主，然刘师敦桢认为该园以整体而论，当以东部建筑群为主，这话亦有其理。

以山石为全园之主题。因是区无水源可得，且无洼地可利用，故不能不以山石为主题使其突出，固设计中一法。西百花巷程氏园无水可托，不得不如此。环秀山庄范围小，不能凿大池，亦以山石为主，略引水泉，俾山有生机，岩现活态，苔痕鲜润，草木华滋，宛然若真山水了。

基地积水弥漫，而占地尤广，布置遂较自由，不能为定法所囿。如拙政园、五亩园等较大的，更能发挥开朗变化的能事。尤其拙政园中部的一些小山，大有张涟所云"平冈小坡，曲岸回沙"，都是运用人工方法来符合自然的境界。计成《园冶》云："虽由人作，宛自天开。"刘师敦桢主张："池水以聚为主，以分为辅，小园聚胜于分，大园虽可分，但须宾主分明。"我说网师园与拙政园是两个佳例，皆苏州园林上品。

前水后山，复构堂于水前，坐堂中穿水遥对山石，而堂则若水榭，横卧波面，文衙弄艺园布局即如是。北寺塔东芳草园亦仿佛似之。

中列山水，四周环以楼及廊屋，高低错落，迤逦相续，与中部山石相呼应，如小新桥巷耦园东部，在苏州尚不多见。东北街韩氏小园，亦略取是法，不过楼屋仅有两面。中由吉巷半园、修仙巷宋氏园皆有一面用楼。

明代园林，接近自然，犹是计成、张涟辈后来所总结的方法，利用原有地形，略加整理。其所用石，在苏州大体以黄石为主，如拙政园中部二小山及绣绮亭下者。黄石虽无湖石玲珑剔透，然掇石有法，反觉浑成，既无矫揉做作之态，且无累石不固的危险。我们能从这种方法中细细探讨，在今日造园中还有不少优良传统可以吸收学习的。到清代造园，率皆以湖石叠砌，贪多好奇，每以湖石之多少与一峰之优劣，与他园计较短长。试以怡园而论，购洞庭山三处废园之石累积而成，一峰一石，自有上选，即其一例。至于"小山用石"，非全无寸土，不然树木将无所依托了。环秀山庄虽改建于乾隆间，数弓之地，深溪幽壑，势若天成，其竖石运用宋人山水的所谓"斧劈法"，再以镶嵌出之，简洁遒劲，其水则迂回曲折，山石处处滋润，苍岩欣欣欲活了，诚为江南园林的杰构。于此方知设计者若非胸有丘壑、挥洒自如者，焉能至斯？学养之功可见重要了。

掇山既须以原有地形为据，自然之态又变化多端，无一定成法，可是自然的形成与发展，亦有一定的规律可循，"师古人不如师造化"，实有其理在。我们今日能通乎此理，从自然景物加以分析，证以古人作品，评其妍媸，撷其菁华，构成最美丽的典型。奈何苏州所见晚期园林，什九已成"程式化"，从不在整体考虑，每以亭台池馆，妄加拼凑。尤以掇山选石，皆举一峰片石，视之为古董，对花树的衬托，建筑物的调和等，则有所忽略。这是今日园林设计者要引以为鉴的。如怡园欲集诸园之长，但全局涣散，似未见成功。

园林之水，首在寻源，无源之水必成死水。如拙政园利用原来池沼，环秀山庄掘地得泉，水虽涓涓，亦必清洌可爱。但园林面积既小，欲使有汪洋之概，则在于设计的得法。其法有二：一、池面利用不规则的平面，间列岛屿，上贯以小桥，在空间上使人望去，不觉一览无余。二、留心曲岸水口的设计，故意做成许多湾头，望之仿佛有许多源流，如是则水来去无尽头，有深壑藏函之感。至于曲岸水口之利用芦苇，杂以菰蒲，则更显得隐约迷离，这是在较大的园林应用才妙。留园活泼泼的，水榭临流，溪至榭下已尽，但必流入一部分，则俯视之下，榭若跨溪上，水不觉终止。南显子巷惠荫园水假山，系层叠巧石如洞曲，引水灌之，点以步石，人行其间，如入涧壑，洞上则构屋。此种形式为吴中别具一格者，殆系南宋杭州"赵翼王园"中之遗制。沧浪亭以山为主，但西部的步碕廊突然逐渐加高，高瞰水潭，自然临渊莫测。艺园的桥与水几平，反之两岸山石愈显高峻了。怡园之桥虽低于山，似嫌与水尚有一些距离。至于小溪作桥，在对比之下，其情况何如，不难想象。古人改用"点其步石"的方法，则更为自然有致。瀑布除环秀山庄檐瀑外，他则罕有。

中国园林除水石池沼外，建筑物如厅、堂、斋、台、亭、榭、轩、卷、廊等，都是构成园林的主要部分。然江南园林以幽静雅淡为主，故建筑物务求轻巧，方始相称，所以在建筑物的地点、平面，以及外观上不能不注意。《园冶》云："凡园圃立基，定厅堂为主，先乎取景，妙在朝南，倘有乔木数株，仅就中庭一二。"苏南园林尚守是法，如拙政园远香堂、留园涵碧山房等皆是。至于楼台亭阁的地位，虽无成法，但"按基形成"，"格式随宜"，"随方制象，各有所宜"，"一榱一角，必令出自己裁"，"花间隐榭，水际安亭"，还是要设计人从整体出发，加以灵活应用。古代如《园冶》、《长物志》、《工段营造录》等，虽有述及，最后亦指出其不能守为成法的。试以拙政园而论，我们自高处俯视，建筑物虽然是随宜安排的，但是它们方向还是直横有序。其外观给人的感觉是轻快为主，平面正方形、长方形、多边形、圆形等皆有，屋顶形式则有歇山、硬山、悬山、攒尖等，而无庑殿式，即歇山、硬山、悬山，亦多数采用卷棚式。其翼角起翘类，多用"水戗发戗"的办法，因此翼角起翘低而外观轻快。檐下玲珑的挂落，柱间微弯的吴王靠，得能取得一致。建筑物在立面的处理，以留园中部而论，我们自闻木樨香轩东望，对景主要建筑物是曲溪楼，用歇山顶，其外观在第一层做成仿佛台基的形状，与水相平行的线脚与上层分界，虽系二层，看去不觉其高耸。尤其曲溪楼、西楼、清风池馆三者的位置各有前后，屋顶立面皆同中寓不同，与下部的立峰水石都很相称。古木一树斜横波上，益增苍古，而墙上的砖框漏窗，上层的窗棂与墙面虚实的对比，疏淡的花影，都是苏州园林特有的手法；倒影水中，其景更美。明瑟楼与涵碧山房相邻，前者为卷棚歇山，后者为卷棚硬山，然两者相联，不能不用变通的办法。明瑟楼歇山山面仅作一面，另一面用垂脊，不但不觉得其难看，反觉生动有变化。他如畅园因基地较狭长，中又系水池，水榭无法安排，卒用单面歇山，实系同出一法。反之东园一角亭，为求轻巧起见，六角攒尖顶翼角用"水戗发戗"，其上部又太重，柱身瘦而高，在整个比例上顿觉不稳。东部舒啸亭、至乐亭，前者小而不见玲珑，后者屋顶虽多变化，亦觉过重，都是比例上的缺陷。苏南筑亭，晚近香山匠师每将屋顶提得过高，但柱身又细，整个外观未必真美。反视明代遗构艺圃，屋顶略低，较平稳得多。总之，单体建筑，必然要考虑到与全园的整个关系才是。至于平面变化，虽洞房曲户，亦必做到曲处有通，实处有疏。小型轩馆，一间，二间，或二间半均可，皆视基地，位置得当。如拙政园海棠春坞，面阔二间，一大一小，宾主分明。留园揖峰轩，面阔二间半，而尤妙于半间，方信《园冶》所云有其独见之处。建筑物的高下得势，左右呼应，虚实对比，在在都须留意。王洗马巷万氏园（原为任氏），园虽小，书房部分自成一区，极为幽静。其装修与铁瓶巷住宅东西花厅、顾宅花厅、网师园、西百花巷程氏园、大石巷吴宅花厅等（详见拙著《装修集录》），都是苏州园林中之上选。至于他园尚多商量处，如留园太繁琐伧俗，佳者甚少；拙政园精者固有，但多数又觉简单无变化，力求一律，皆修理中东拼西凑或因陋就简所造成。怡园旧装修几不存，而旱船为吴中之尤者，所遗装修极精。

园林游廊为园林的脉络，在园林建筑中处极重要地位，故特地说明一下。今日苏州园林廊之常见者为复廊，廊系两面游廊中隔以粉墙，间以漏窗（详见拙编《漏窗》），使墙内外皆可行走。此种廊大都用于不封闭性的园林，如沧浪亭的沿河。或一园中须加以间隔，欲使空间扩大，并使入门有所过渡，如怡园的复廊，便是一例，此廊显然是仿前者。它除此作用外，因岁寒草堂与拜石轩之间不为西向阳光与朔风所直射，用以阻之，而阳光通过漏窗，其图案更觉玲珑剔透。游廊有陆上、水上之分，又有曲廊、直廊之别，但忌平直生硬。今日苏州诸园所见，过分求曲，则反觉生硬勉强，如留园中部北墙下的。至其下施以砖砌阑干，一无空虚之感，与上部挂落不称，柱夹砖中，僵直滞重。铁瓶巷任宅及拙政园西部水廊小榭，易以镂空之砖，似此较胜。拙政园旧时柳荫路曲，临水一面阑干用木制，另一面上安吴王靠，是有道理的。水廊佳者，如拙政园西部的，不但有极佳的曲折，并有适当的坡度，诚如《园冶》所云的"浮廊可渡"，允称佳构。尤其可取的，就是曲处湖石芭蕉，配以小榭，更觉有变化。爬山游廊，在苏州园林中的狮子林、留园、拙政园，仅点缀一二，大都是用于园林边墙部分。设计此种廊时，应注意到坡度与山的高度问题，运用不当，顿成头重脚轻，上下不协调。在地形狭宽不同的情况下，可运用一面坡，或一面坡与二面坡并用，如留园西部的。曲廊的曲处是留虚的好办法，随便点缀一些竹石、芭蕉，都是极妙的小景。李斗云："板上甃砖谓之响廊，随势曲折谓之游廊……入竹为竹廊，近水为水廊。花间偶出数尖，池北时来一角，或依悬崖，故作危槛，或跨红板，下可通舟，递迢于楼台亭榭之间，而轻好过之。廊贵有阑。廊之有阑，如美人服半臂，腰为之细。其上置板为飞来椅，亦名美人靠，其中广者为轩。"言之尤详，可资参考。今日复有廊外植芭蕉，呼为蕉廊，植柳呼为柳廊，夏日人行其间，更觉翠色侵衣，溽暑全消。冬日则阳光射入，温和可喜，用意至善。而古时以廊悬画称画廊，今日壁间嵌诗条石，都是极好的应用。

园林中水面之有桥，正陆路之有廊，重要可知。苏州园林习见之桥，一种为梁式石桥，可分直桥、九曲桥、五曲桥、三曲桥、弧形桥等，其位置有高于水面与岸相平的，有低于两岸浮于水面的。以时代而论，后者似较旧，今日在艺园及无锡寄畅园、常熟诸园所见的，都是如此。怡园及已毁木渎严家花园，亦仿佛似之，不过略高于水面一点。旧时为什么如此设计呢？它所表现的效果有二：第一，桥与水平，则游者凌波而过，水益显汪洋，桥更觉其危了。第二，桥低则山石建筑愈形高峻，与丘壑楼自然成强烈对比。无锡寄畅园假山用平冈，其后以惠山为借景，冈下幽谷间施以是式桥，诚能发挥明代园林设计之高度技术。今日梁式桥往往不照顾地形，不考虑本身大小，随便安置，实属非当。尤其阑干之高度、形式，都从不与全桥及环境作一番研究，甚至于连半封建半殖民地的阑干都加了上去，如拙政园西部是。上选者，如艺圃小桥、拙政园倚虹桥都是。拙政园中部的三曲五曲之桥，阑干比例还好，可惜桥本身略高一些。待霜亭与雪香云蔚亭二小山之间石桥，仅搁一石板，不施阑干，极尽自然质朴之意，亦佳构。另一种为小型环洞桥，狮子林、网师园都有。以此二桥而论，前者不及后者为佳，因环洞桥不适宜建于水中部，水面既小，用此中阻，遂显庞大质实，略无空灵之感。后者建于东部水尽头，桥本身又小，从西东望，辽阔的水面中倒影玲珑，反之自桥西望，亭台映水，用意相同。中由吉巷半园，因地狭小，将环洞变形，亦系出权宜之计。至于小溪，《园冶》所云"点其步石"的办法，尤能与自然相契合，实远胜架桥其上。可是此法，今日差不多已成绝响了。

园林的路，《清闲供》云："门内有径，径欲曲。""室旁有路，路欲分。"今日我们在苏州园林所见，还能如此。拙政园中部道路，犹守明时旧规，从原来地形出发，加以变化，主次分明，曲折有度。环秀山庄面积小，不能不略作纡盘，但亦能恰到好处，行者有引人入胜之概。然狮子林、怡园的，故作曲折，使人莫之所从，既背自然之理，又多不近人情。因此矫揉做作，与自然相距太远的安排，实在是不艺术的事。

铺地，在园林亦是一件重要的工作，不论庭前、曲径、主路，皆须极慎重考虑。今日苏州园林所见，有仄砖铺于主路，施工简单，并凑图案自由。碎石地，用碎石仄铺，可用于主路小径庭前，上面间有用缸爿点缀一些图案。或缸爿仄铺，间以瓷爿，用法同前。鹅子地或鹅子间加瓷爿并凑成各种图案，称"花界"，视上述的要细致雅洁多，留园自有佳构。但其缺点是石隙间的泥土，每为雨水及人力所冲扫而逐渐减少，又复较易长小草，保养费事，是需要改进的。冰裂地则用于庭前，苏南的结构有二：其一即冰纹石块平置地面，如拙政园远香堂前的，颇饶自然之趣，然亦有不平稳的流弊。其一则冰纹石交接处皆对卯拼成，施工难而坚固，如留园涵碧山房前、铁瓶巷顾宅花厅的，都是极工整。至于庭前踏跺用天然石叠，如拙政园远香堂及留园五峰仙馆前的，皆饶野趣。

园林的墙，有乱石墙、磨砖墙、漏砖墙、白粉墙等数种。苏州今日所见，以白粉墙为最多，外墙有上开瓦花窗（漏窗开在墙顶部）的，内墙间开漏窗及砖框的，所谓粉墙花影，为人乐道。磨砖墙，园内仅建筑物上酌用之，园门十之八九贴以水磨砖砌成图案，如拙政园大门。乱石墙只见于裙肩处。在上海南市薛家浜路旧宅中，我曾见到冰裂纹上缀以梅花的，极精，似系明代旧物。西园以水花墙区分水面，亦别具一格。

联对、匾额，在中国园林中，正如人之有须眉，为不能少的一件重要点缀品。苏州又为人文荟萃之区，当时园林建造复有文人画家的参与，用人工构成诗情画意，将平时所见真山水，古人名迹、诗文歌诗所表达的美妙意境，撷其精华而总合之，加以突出。因此山林岩壑，一亭一榭，莫不用文学上极典雅美丽而适当的辞句来形容它，使游者入其地，览景而生情文，这些文字亦就是这个环境中最恰当的文字代表。例如拙政园的远香堂与留听阁，同样是一个赏荷花的地方，前者出"香远益清"句，后者出"留得残荷听雨声"句。留园的闻木樨香轩、拙政园的海棠春坞，又都是根据这里所种的树木来命名的。游者至此，不期而然地能够出现许多文学艺术的好作品，这不能不说是中国园林的一个特色了。我希望今后在许多旧园林中，如果无封建意识的文字，仅就描写风景的，应该好好保存下来。苏州诸园皆有好的题辞，而怡园诸联集宋词，更能曲尽其意，可惜皆不存了。至于用材料，因园林风大，故十之八九用银杏木阴刻，填以石绿；或用木阴刻后髹漆敷色者亦有，不过色彩都是冷色。亦有用砖刻的，雅洁可爱。字体以篆隶行书为多，罕用正楷，取其古朴与自然。中国书画同源，本身是个艺术品，当然是会增加美观的。

树木之在园林，其重要不待细述，已所洞悉。江南园林面积小，且都属封闭性，四周绕以高垣，故对于培花植木，必须深究地位之阴阳，土地之高卑，树木发育之迟速，耐寒抗旱之性能，姿态之古拙与华滋，更重要的为布置的地位与树石的安排了。园林之假山与池沼，皆真山水的缩影，因此树木的配置，不能任其自由发展。所栽植者，必须体积不能过大，而姿态务求入画，虬枝旁水，盘根依阿，景物遂形苍老。在选树之时，尤须留意此端，宜乎李格非所云"人力胜者少苍古"了。今日苏州树木常见的，如拙政园，大树用榆、枫、杨等。留园中部多银杏，西部则漫山枫树。怡园面积小，故易以桂、松及白皮松，尤以白皮松树虽小而姿态古拙，在小园中最是珍贵。他则杂以松、梅、棕树、黄杨，在发育上均较迟缓。其次园小垣高，阴地多而阳地少，于是墙阴必植耐寒植物，如女贞、棕树、竹之类。岩壑必植高山植物，如松、柏之类。阶下石隙之中，植长绿阴性草类。全园中长绿者多于落叶者，则四季咸青，不致秋冬髡秃无物了。至于乔木若榆、槐、枫、杨、朴、榉、枫等，每年修枝，使其姿态古拙入画。此种树的根部甚美，尤以榆树及枫、杨，年龄大后，身空皮留，老干抽条，葱翠如画境。今日苏州园林中之山巅栽树，大别有两种情况：第一类，山巅山麓只植大树，而虚其根部，俾可欣赏其根部与山石之美，如留园的与拙政园的一部分。第二类，山巅山麓树木皆出丛竹或灌木之上，山石并攀以藤萝，使望去有深郁之感，如沧浪亭及拙政园的一部分。然二者设计者的依据有所不同。以我们分析，这些全在设计者所用树木的各异，如前者师元代画家倪瓒（云林）的清逸作风，后者则效明代画家沈周（石田）的沉郁了。至于滨河低卑之地，种柳、栽竹、植芦，而墙阴栽爬山虎、修竹、天竹、秋海棠等，叶翠，花冷，实鲜，高洁耐赏。但此等亦必须每年修剪，不能任其发育。

园林栽花与树木同一原则，背阴且能略受阳光之地，栽植桂花、山茶之类。此二者除终年常青外，开花一在秋，一在春初，都是群花未放之时，而姿态亦佳，掩映于奇石之间，冷隽异常。紫藤则入春后，一架绿荫，满树繁花，望之若珠光宝露。牡丹之作台，衬以文石阑干，实牡丹宜高地向阳，兼以其花华丽，故不得不使然。他若玉兰、海棠、牡丹、桂花等同栽庭前，谐音为"玉堂富贵"，当然命意已不适于今日，但在开花的季节与色彩的安排上，前人未始无理由的。桃李则宜植林，适于远眺，此在苏州，仅范围大的如留园、拙政园可以酌用之。

树木的布置，在苏州园林有两个原则：第一，用同一种树植之成林，如怡园听涛处植松，留园西部植枫，闻木樨香轩前植桂。但又必须考虑到高低疏密间及与环境的关系。第二，用多种树同植，其配置如作画构图一样，更要注意树的方向及地的高卑是否适宜于多种树性，树叶色彩的调和对比，长绿树与落叶树的多少，开花季节的先后，树叶形态，树的姿势，树与石的关系，必须要做到片山多致，寸石生情，二者间是一个有机的联系才是。更须注意它与建筑物的式样、颜色的衬托，是否已做到"好花须映好楼台"的效果。水中植荷，似不宜多。荷多必减少水的面积，楼台缺少倒影，宜略点缀一二，亭亭玉立，摇曳生姿，隔秋水宛在水中央。据云昆山顾氏园藕植于池中石板底，石板仅凿数洞，俾不使其自由繁殖。刘师敦桢云："南京明徐氏东园池底置缸，植荷其内。"用意相同。

苏南园林以整体而论，其色彩以雅淡幽静为主，它与北方皇家园林的金碧辉煌，适成对比。以我个人见解：第一，苏南居住建筑所施色彩，在梁枋柱头皆用栗色，挂落用墨绿，有时柱头用黑色退光，都是一些冷色调，与白色墙面起了强烈的对比，而花影扶疏，又适当地冲淡了墙面强白，形成良好的过渡，自多佳境了。且苏州园林皆与住宅相连，为养性读书之所，更应以清静为主，宜乎有此色调。它与北方皇家花园的那样宣扬自己威风与炫耀富贵的，在作风上有所不同。苏州园林，士大夫未始不欲炫耀富贵，然在装修、选石、陈列上用功夫，在色彩上仍然保持以雅淡为主的原则。再以南宗山水而论，水墨浅绛，略施淡彩，秀逸天成，早已印在士大夫及文人画家的脑海中。在这种思想影响下设计出来的园林，当然不会用重彩贴金了。加以江南炎热，朱红等热颜料亦在所非宜，封建社会的民居，尤不能与皇家同一享受，因此色彩只好以雅静为归，用清幽胜浓丽，设计上用以少胜多的办法了。此种色彩，其佳处是与整个园林的轻巧外观，灰白的江南天色，秀茂的花木，玲珑的山石，柔媚的流水，都能相配合调和，予人的感觉是淡雅幽静。这又是江南园林的特征了。

中国园林还有一个特色，就是设计者考虑到不论风雨明晦，景色咸宜，在各种自然条件下，都能予人们以最大最舒适的美感。除山水外，楼横堂列，廊庑回缭，阑楯周接，木映花承，是起了最大的作用的，使人们在各种自然条件下来欣赏园林。诗人画家在各种不同的境界中，产生了各种不同的体会，如夏日的蕉廊，冬日的梅影、雪月，春日的繁花、丽日，秋日的红蓼、芦塘，虽四时之景不同，而景物无不适人。至于松风听涛，菰蒲闻雨，月移花影，雾失楼台，斯景又宜其览者自得之。这种效果的产生，主要在于设计者对文学艺术的高度修养，以及与实际的建筑相结合，使理想中的境界付之于实现，并撷其最佳者而予以渲染扩大。如叠石构屋，凿水穿泉，栽花种竹，都是向这个目标前进的。文学艺术家对自然美的欣赏，不仅在一个春日的艳阳天气，而是要在任何一个季节，都要使它变成美的境地。因此，对花影要考虑到粉墙，听风要考虑到松，听雨要考虑到荷叶，月色要考虑到柳梢，斜阳要考虑到梅竹等，都希望使理想中的幻景能付诸实现，安排一石一木，都寄托了丰富的情感，宜乎处处有情，面面生意，含蓄有曲折，余味不尽。此又为中国园林的特征。

五

以上所述，系就个人所见，掇拾一二，提供大家参考。我相信，苏州园林不但在中国造园史上有其重要与光辉的一页，而且至今尚为广大人民游憩之所。为了继承与发挥优良的文化传统，此份资料似有提出的必要。

同济大学教材科
一九五六年版陈从周编著《苏州园林》

苏州网师园

　　苏州网师园，我誉为是苏州园林之小园极则，在全国的园林中，亦居上选，是"以少胜多"的典范。

　　网师园在苏州市阔街头巷，本宋时史氏万卷堂故址。清乾隆间宋鲁儒（宗元，又字悫庭）购其地治别业，以"网师"自号，并颜其园，盖托渔隐之义，亦取名与原巷名"王思"相谐音。旋园颓圮，复归瞿远村，叠石种木，布置得宜，增建亭宇，易旧为新，更名"瞿园"。乾隆六十年（公元一七九五年）钱大昕为之作记①，今之规模，即为其旧。同治间属李鸿裔（眉生），

① 钱大昕清乾隆六十年（公元一七九五年）《网师园记》："带城桥之南，宋时为史氏万卷堂故址，与南园、沧浪亭相望。有巷曰网师者，本名王思。曩三十年前，宋光禄悫庭购其地，治别业为归老之计，因以网师自号，并颜其园，盖托于渔隐之义，亦取巷名音相似也。光禄既殁，其园日就颓圮，乔木古石，大半损失，惟池一泓，尚清澈无恙。瞿君远村偶过其地，惧其鞠为茂草也，为之太息，问旁舍者，知主人方求售，遂买而有之。因其规模，别为结构，叠石种木，布置得宜，增建亭宇，易旧为新。既落成，招予辈四五人谈宴，为竟日之集。石径屈曲，似往而复，沧波渺然，一望无际。有堂曰梅花铁石山房，曰小山丛桂轩，有阁曰濯缨水阁，有燕居之室曰蹈和馆，有亭于水者曰月到风来，有亭于崖者曰云冈，有斜轩曰竹外一枝，有斋曰集虚……地只数亩而有纡回不尽之致……柳子厚所谓'奥如旷如'者，殆兼得之矣。"

（转下页）

更名"苏东邻"。其子少眉继有其园①。达桂（馨山）亦一度寄寓之。入民国，张作霖举以赠其师张锡銮（金坡）②。曾租赁与叶恭绰（遐庵），张泽（善子）、爰（大千）兄弟，分居宅园。后何亚农购得之，小有修理。一九五八年秋由苏州园林管理处接管，住宅园林修葺一新。叶遐庵谱《满庭芳》词，所谓"西子换新装"也。

住宅南向，前有照壁及东西辕也。入门屋穿廊为轿厅，厅东有避弄可导之内厅。轿厅之后，大厅崇立，其前砖门楼，雕镂极精，厅面阔五间，三明两暗。西则为书塾，廊间刻园记。内厅（女厅）为楼，殿其后，亦五间，且带厢。厢前障以花样，植桂，小院宜秋。厅悬俞樾（曲园）书"撷秀楼"匾。登楼西望，天平、灵岩诸山黛痕一抹，隐现窗前。其后与五峰书屋、集虚斋相接。下楼至竹外一枝轩，则全园之景了然。

自轿厅西首入园，额曰"网师小筑"，有曲廊接四面厅，额"小山丛桂轩"，轩前界以花墙，山幽桂馥，香藏不散。轩东有便道直贯南北，其与避弄作用相同。蹈和馆琴室位轩西，小院回廊，迂徐曲折。欲扬先抑，未歇先敛，故小山丛桂轩之北以

（接上页）褚廷璋清嘉庆元年（公元一七九六年）《网师园记》："远村于斯园增置亭台竹木之胜，已半易网师旧规。""乾隆丁未（公元一七八七年）秋，奉讳旋里，观察（宋鲁儒）久为古人，园方旷如，拟暂僦居而未果。"

冯浩清嘉庆四年（公元一七九九年）《网师园记》："吴郡瞿君远村得宋悫庭网师园，大半倾圮，因树石水池之胜，重构堂亭轩馆，审势协宜，大小咸备，仍余清旷之境，足畅怀舒眺。"园后归吴嘉道，为时不久。

① 见俞樾《撷秀楼匾额跋》及达桂、程德全之网师园题记，又名蘧园。

② 据张学铭先生见告，园旧有黎元洪赠张锡銮书匾额。后改称逸园。

黄石山围之，称"云冈"。随廊越坡，有亭可留，名"月到风来"，明波若镜，渔矶高下，画桥迤逦，俱呈现于一池之中，而高下虚实，云水变幻，骋怀游目，咫尺千里。"涓涓流水细侵阶，凿个池儿，唤个月儿来。画栋频摇动，红蕖尽倒开。"亭名正写此妙境。云岗以西，小阁临流，名"濯缨"，与看松读画轩隔水招呼。轩园之主厅，其前古木若虬，老根盘结于苔石间，洵画本也。轩旁修廊一曲与竹外一枝轩接连，东廊名"射鸭"，系一半亭，与池西之月到风来亭相映。凭阑得静观之趣，俯视池水，弥漫无尽，聚而支分，去来无踪，盖得力于溪口、湾头、石矶之巧于安排，以假象逗人。桥与步石环池而筑，犹沿明代布桥之惯例，其命意在不分割水面，增支流之深远。至于驳岸有级，出水留矶，增人"浮水"之感，而亭、台、廊、榭，无不面水，使全园处处有水"可依"。园不在大，泉不在广，杜诗所谓"名园依绿水"，不啻为是园咏也。以此可悟理水之法，并窥环秀山庄叠山之奥秘，思致相通。池周山石，虽未若环秀山庄之曲尽巧思，然平易近人，蕴藉多姿，其蓝本出自虎丘白莲池。

园之西部殿春簃，原为药阑。一春花事，以芍药为殿，故以"殿春"名之。小轩三间，拖一复室，竹、石、梅、蕉，隐于窗后，微阳淡抹，浅画成图。苏州诸园，此园构思最佳，盖园小"邻虚"，顿扩空间，"透"字之妙用，于此得之。轩前面东为假山，与其西曲廊相对。西南隅有水一泓，名"涵碧"，清澈醒人，与中部大池有脉可通，存"水贵有源"之意。泉上构亭，名"冷泉"。南略置峰石为殿春簃对景。余地以"花街"铺地，极平洁，与中部之利用水池，同一原则。以整片出之，成水陆对比，前者以石点水，后者以水点石。其与总体之利用建筑与山石之对比，相互变换者，如歌家之巧运新腔，不袭旧调。

网师园清新有韵味，以文学作品拟之，正北宋晏几道《小山词》之"淡语皆有味，浅语皆有致"，建筑无多，山石有限，其奴役风月，左右游人，若非造园家"匠心"独到，不克臻此①。足证园林非"土木"、"绿化"之事，故称"构园"。王国维《人间词话》指出"境界"二字，园以有"境界"为上，网师园差堪似之。

南京博物馆《文博通讯》

一九七六年一月第二十三期

---

① 苏舆《养疴闲记》卷三："宋副使悫庭（宗元）网师小筑在沈尚书第东，仅数武。中有梅花铁石山房、半巢居，北山草堂（附对句）：'丘壑趣如此；鸾鹤心悠然。'濯缨水阁：'水面文章风写出；山头意味月传来。'（钱维城）花影亭：'鸟语花香帘外景；天光云影座中春。'（庄培因）小山丛桂轩：'鸟因对客钩辀语；树为循墙宛转生。'（曹秀先）溪西小隐、斗屠苏（附对句）：'短歌能驻日；闲坐但闻香。'（陈兆仑）度香艇、无喧庐、琅玕圃（附对句）：'不俗即仙骨；多情乃佛心。'（张照）"

苏州环秀山庄

苏州环秀山庄为江南名园之一。园中叠石系吴中园林最杰出者，是研究我国古代叠山艺术的重要实例。

环秀山庄位于苏州市景德路，本五代广陵王钱氏金谷园故址。入宋归朱伯原，名乐圃。元时属张适。明成化间为杜东原所有，旋归申时行。中有宝纶堂，其裔孙改筑蒻园，建来青阁，魏禧作记。清乾隆间，蒋楫居之①，掘地得泉，名曰"飞雪"。毕沅继蒋氏有此园，复归孙补山家②。道光末属汪氏③，名"耕荫义庄"，颜曰"环秀山庄"，又名"颐园"。

---

① 蒋楫字济川，清乾隆时官刑部员外郎十年。兄日梅，官户部郎中；恭棐官翰林，撰有《飞雪泉记》。诸蒋中楫家最饶。

② 据袁枚《小仓山房续集》卷三十二有《太子太保文渊阁大学士一等公孙公神道碑》。孙士毅，字智治，号补山，谥文靖，杭州人。叶铭《广印人传》：文靖孙均字古云，"袭伯爵，官散秩大臣，工篆刻，善花卉。中年奉母南归，侨寓吴门，所交多名流，极文酒之盛"。钱泳《履园丛话》卷十二"堆假山"条："近时有戈裕良者，常州人，其堆法尤胜于诸家，如仪征之朴园、如皋之文园、江宁之五松园、虎丘之一榭园，又孙古云家书厅前山子一座，皆其手笔。"戈氏创叠石钩带联络，如造环桥法。见同书同卷。

③ 冯桂芬《耕荫义庄记》："相传宋时乐圃，后为景德寺，为学道书院，为兵巡道署，为申文定公祠。乾隆以来，蒋刑部楫、毕尚书沅、孙文靖公士毅迭居之。东偏有小园，奇礓寿藤……"道光二十九年（一八四九年）立义庄。

环秀山庄原来布局，前堂名"有穀"，南向前后点石，翼以两廊及对照轩。堂后筑环秀山庄，北向四面厅，正对山林。水萦如带，一亭浮水，一亭枕山。西贯长廊，尽处有楼，楼外另叠小山，循山径登楼，可俯视全园。飞雪泉在其下，补秋舫则横卧北端。

主山位于园之东部，后负山坡前绕水。浮水一亭在池之西北隅，对飞雪泉，名"问泉"。自亭西南渡三曲桥入崖道，弯入谷中，有涧自西北来，横贯崖谷。经石洞，天窗隐约，钟乳垂垂，踏步石，上磴道，渡石梁，幽谷森严，阴翳蔽日。而一桥横跨，欲飞还敛，飞雪泉石壁，隐然若屏，即造园家所谓"对景"。沿山巅，达主峰，穿石洞，过飞桥，至于山后。枕山一亭，名"半潭秋水一房山"。缘泉而出，山蹊渐低，峰石参错，补秋舫在焉。东、西二门额曰"凝青"、"摇碧"，足以概括全园景色。其西为飞雪泉石壁，洞有步石，极险巧。

园初视之，山重水复，身入其境，移步换影，变化万端。概言之，"溪水因山成曲折，山蹊随地作低平"，得真山水之妙谛，却以极简洁洗练之笔出之。山中空而浑雄，谷曲折而幽深。中藏洞、屋，内贯涧流，佐以步石、崖道，宛自天开。磴道自东北来，与涧流相会于步石，至此仰则青天一线，俯则清流几曲，几疑身在万山中。上层以环道出之，绕以飞梁，越溪渡谷，组成重层游览线，千岩万壑，方位莫测，极似常熟燕园（又名"燕谷"①，见本集《常熟园林》），唯用石则不同（燕谷用黄石，

---

① 钱泳《履园丛话》卷二十"燕谷"条："燕谷在常熟北门内令公殿右。前台湾知府蒋元枢所筑。后五十年，其族子泰安令因培购得之，倩晋陵（常州）戈裕良叠石一堆，名曰燕谷。园甚小，而曲折得宜，结构有法。余每入城，亦时寓焉。"

山庄用湖石）。留园西北角，一溪之上，架桥三层，命意相同，系晚明周秉忠（时臣）叠，时间早于造燕园的戈裕良，可知其手法出处。

环秀山庄假山，传出乾嘉间常州戈裕良手。文献可征者，唯钱泳《履园丛话》，近人王謇《瓠庐杂缀》所记亦袭是说。兹就戈氏今存作品，如常熟燕园、扬州意园小盘谷（据秦氏藏《意园图记》），及乾嘉时代叠山之特征，可确定为戈氏之作。

我对于清代假山，约分为清初、乾嘉、同光三时期。清初犹承晚明风格，意简而蕴藉，虽叠一山，仅台、洞、磴道、亭榭数事，不落常套，而光景常新，雅隽如晚明小品文，耐人寻味。至乾嘉则堂庑扩大，雄健硕秀，构山功力加深，技术进步，是造园史上的一转折点。而戈氏运石似笔，挥洒自如，法备多端，实为乾嘉时期叠山之总结者。此时期假山体形大，腹空，中构洞壑、洞谷，戈氏复创钩带法，顶壁一气，技术先进，结构合理，视前之纯以石叠与土包石法有异，较叠山挑压之法提高。能以少量之石，叠大型之山，环秀山庄即为典型例子，非当时有较充裕的经济基础与先进之叠山技术，不克臻此。杭州文澜阁、北京乾隆御花园，皆此类型。当时社会倾向于大山深洞，而匠师又能抒其技，戈裕良特当时之翘楚。降及同光，经济衰落，技术渐衰，所谓土包石假山兴起，劣者仅知有石，几如积木。我曾讥为"排排坐，个个站，竖蜻蜓，叠罗汉，有洞必补，有缝必嵌"。虽苏州怡园假山在当时刻意为之，仍属中乘；其洞苦拟环秀山庄者，然终嫌局促。

山以深幽取胜，水以湾环见长，无一笔不曲，无一处不藏，设想布景，层出新意。水有源，山有脉，息息相通，以有限面积（园占地约二点四市亩，假山占地约半市亩）造无限空间；亭廊皆出山脚，补秋舫若浮水洞之上。此法为乾隆间造园惯例，北京乾隆御花园、承德避暑山庄等屡见不鲜，当自南中传入北国者。西北角飞雪岩，视主山为小，极空灵清峭，水口、飞石，妙胜画本。旁建小楼，有檐瀑，下临清潭，具曲尽绕梁之味。而亭前一泓，宛若点睛。

叠石之法，以大块竖石为骨，用劈斧法出之，刚健矫挺，以挑、吊、压、叠、拼、挂、嵌、镶为辅，计成所创"等分平衡法"，至此扩大之。洞顶用钩带法。叠石既定（戈氏重叠石，突出使用，下脚石以黄石为之），骨架确立，以小石掇补，正画家大胆落墨，小心收拾，卷云自如，皴自峰生，悉符画本，其笔意兼宋元山水画之长。戈氏承石涛之余绪，洞悉拼镶对缝之法，故纹理统一，宛转多姿，浑若天成。常州近园（康熙十一年，即公元一六七二年笪重光有记，王石谷有图），映水一山，崖道、洞壑、磴台，楚楚有致。此园早于戈氏，度戈氏必见此类先例，源渊有自，总结提高。但洞顶犹为条石，为早期作品可证。壁岩之法，计成已有论述，而实例以此山为最。崖道之法，常、锡故园用之者，视苏州为多（常州近园、无锡明王氏故园、石圹湾孙氏祠假山），此山更为突出。网师园假山亦佳，似为同时期稍晚作品。戈氏叠山以土辅之，山巅能植大树，此山与常熟燕园皆然，惜主山老枫已朽。

移山缩地，为造园家之惯技，而因地制宜，就地取材，择景模拟，叠石成山，则因人而别，各抒其长。环秀山庄仿自苏州阳山大石山①，常熟燕园模自虞山，扬州意园略师平山堂麓，法同式异，各具地方风格。再如苏州网师园之山池，其蓝本乃虎丘白莲池，实同一例。环秀山庄无景可借，洞壑深幽，小中见大；而燕园借景虞山，燕谷石壁，俨如山麓；意园点石置峰，平远舒卷，"园以景胜，景因园异"。大匠不以式囿人，而能信手拈来，法存其中，皆成妙构。

环秀山庄假山，允称上选，叠山之法具备。造园者不见此山，正如学诗者未见李、杜，诚占我国园林史上重要之一页。

我每过苏州，必登此假山。去冬与王西野、邹宫伍二同志作数日盘桓，范山模水，征文考献，各抒己见，乃就鄙意为此文。

南京博物院《文博通讯》
一九七八年五月第十九期

---

① 环秀山庄在清初曾为阳山巨富朱氏宅园，入口小弄原名阳山朱弄，今讹为杨三珠弄。

苏州沧浪亭

人们一提起苏州园林，总感到它封闭在高墙之内，窈然深锁，开畅不足。当然这是受历史条件所限，产生了一定的局限性。但古代的匠师们，能在这个小天地中创造别具风格的宅园，间隔了城市与山林的空间；如将园墙拆去，则面貌顿异，一无足取了。苏州尚有一座沧浪亭，也是大家所熟悉的名园。这座园子的外貌，非属封闭式。因葑溪之水，自南园潆回曲折，过结草庵（该庵今存白皮松，巨大为苏州之冠）涟漪一碧，与园周匝，从钓鱼台至藕花水榭一带，古台芳榭，高树长廊，未入园而隔水迎人，游者已为之神驰遐想了。

沧浪亭是个面水园林，可是园内则以山为主，山水截然分隔。"水令人远，石令人幽"，游者渡平桥入门，则山严林肃，瞿然岑寂，转眼之间，感觉为之一变。园周以复廊，廊间以花墙，两面可行。园外景色，自漏窗中投入，最逗游人。园内园外，似隔非隔，山崖水际，欲断还连。此沧浪亭构思之着眼处。若无一水萦带，则园中一丘一壑，平淡原无足观，不能与他园争胜。园外一笔，妙手得之，对比之运用，"不着一字，尽得风流"。

园林苍古，在于树老石拙，唯此园最为突出；而堂轩无藻饰，石径斜廊皆出于丛竹、蕉荫之间，高洁无一点金粉气。明道堂阔敞四合，是为主厅。其北峰峦若屏，耸然出乔木中者，即所谓"沧浪亭"。游者可凭陵全园，山旁曲廊随坡，可凭可憩。其西轩窗三五，自成院落，地穴门洞，造型多样；而漏窗一端，品类为苏州诸园冠。

看山楼居园之西南隅，筑于洞曲之上，近俯南园，平畴村舍（今已皆易建筑），远眺楞伽七子诸峰，隐现槛前。园前环水，园外借山，此园皆得之。

园多乔木修竹，万竿摇空，滴翠匀碧，沁人心脾。小院兰香，时盈客袖，粉墙竹影，天然画本，宜静观，宜雅游，宜作画，宜题诗。从宋代苏子美、欧阳修、梅圣俞，直到近代名画家吴昌硕，名篇成帙，美不胜收，尤以沧浪亭最早主人苏子美的绝句："夜雨连明春水生，娇云欲暖弄微晴。帘虚日薄花竹静，时有乳鸠相对鸣。"最能写出此中静趣。

沧浪亭是现存苏州最古的园林，五代钱氏时为广陵王元璙池馆，或云其近戚吴军节度使孙承祐所作。宋庆历间苏舜钦（子美）买地作亭，名曰"沧浪"，后为章申公家所有。建炎间毁，复归韩世忠。自元迄明为僧居。明嘉靖间筑妙隐庵、韩蕲王祠。释文瑛复子美之业于荒残不治之余。清康熙间，宋荦抚吴重修，增建苏公祠以及五百名贤祠（今明道堂西），又构亭。道光七年（公元一八二七年）重修，同治十二年（公元一八七三年）再重建，遂成今状。门首刻有图，为最有价值的图文史料。园在性质上与他园有别，即长时期以来，略似公共性园林，"官绅"谦宴，文人"雅集"，胥皆于此，宜乎其设计处理，别具一格。

南京博物馆《文博通讯》
一九七九年十二月第二十八期

留园小记

"江南园林甲天下，苏州园林甲江南。"（前人未曾说过，是我所概括。）这些亭台处处，水石溶溶的名园，争妍斗巧，装点出明媚秀丽的江南风光。园以景胜，景因园异，如拙政园以水见长，环秀山庄以山独步，而留园则山石水池外，更以建筑群的巧妙安排与华丽深幽著称。

留园又称"寒碧山庄"，因多植白皮松而得名。由著名的叠山家周秉忠所叠石。在明代中叶（十六世纪末）乃开始创建，其后经过几次重建。但在解放前却遭受了严重的破坏，特别是军队在这里驻扎，精致的厅堂成了马房，楼阁亭榭毁的毁，坍的坍，没有一处完整。解放后大规模的修建，才使这名园恢复了青春，并由国务院公布为全国重点文物保护单位。

留园中部以水为主，环绕山石楼阁，贯以长廊小桥。东部以建筑群为主，建大型厅堂，参置轩斋，间列峰石，曲折多变。西部以山为主，漫山枫林，亭榭一二。其南则环以曲水，间植桃柳，多自然景色。

入留园，自漏窗北望，就隐约见山石池台，行数步至涵碧山房，这是临水的荷花厅。左倚明瑟楼，旁修游廊，登山则达闻木樨香轩，坐此可周视中部园景，楼阁参差，掩映于古木奇石之间，曲廊花墙，倒影历历，浅画成图，若在池东举首远眺，则西园枫林尽收眼底。秋时绚红，艳可醉人。

　　东部的主要建筑物五峰仙馆，内部装修陈设，精致雅洁。厅前左右皆有大小不等的院落，绕以回廊，环植竹木，将院中的峰石点缀得十分妥帖。而庭院深深，花影重重，游者至此往往相失。其东为鸳鸯厅，室内华丽精美，北向面对冠云楼及冠云沼水池，池立冠云、岫云、朵云三峰，这是太湖石中的上选，中国园林中名贵的天然雕刻品。园西部为一座土石相间的大假山，山多枫树，登山可饱览虎丘、灵岩、天平等苏州名山的景色。

　　留园位于苏州市阊门外，是游览虎丘及西园寺诸胜必经之道，停车小驻，稍事盘桓，可极半日之欢。

　　　　　　　　　　　　　　　　　　一九六一年写成

怡园与耦园

苏州诸园，怡园允推为后起之杰出者，论时代应属较晚，论成就，能承前而综合出之。但有佳处，亦有不周处，然仍不愧为吴中名园之一。

园本明吴宽复园故址，清同光间顾文彬重建，顾宦游浙江，其子顾承实经营之，得画家王云、范印泉、顾沄、程庭鹭诸人之助，在建造时每构一亭，每堆一石，顾承必构图商于乃父，故筑园颇为认真。

怡园为顾氏宅园，隔巷为住宅，后为家祠，其三者合一规模开狮子林贝氏之先。

园门今改建，原有门厅等不存。额为怡园，取"兄弟怡怡"之意。入内为东区，有坡仙琴馆、岁寒草庐，各自成区，而峰石亭亭，皆属上品，旧时青枫若盖，益增苍润。沿墙有石笋成林，幽篁成丛，真伪相间，古趣盎然，此一园最幽静处。至于一抹夕晖，反照于复廊之上，花影重重，粉壁自画，则它园莫及之。

越复廊为西部，有池，藕香榭濒水，环顾皆山石，涧壑蜿蜓，而白皮松斜依波上，点破一池涟漪。越洞至画舫斋，乃旱船，居园西北隅，仿佛待发。其西隔墙为湛露堂，可赏牡丹，花时极绚烂，院落则幽深，景因情而感益深。至若玉虹亭、螺髻亭皆能安排妥帖，各点其景。曲廊转角之小景配置，能留人驻足，得空灵之妙。园之花木，有梅林、松林、竹林，以群植出之，能各显其长。

怡园之构思，欲集吴中诸园之长，而荟于一园之中，苦费经营，故复廊仿沧浪亭，旱船仿拙政园，假山摹环秀山庄，而小院、石林学留园等。皆有迹可寻者。清同光间吴门画风崇尚摹拟，造园亦多受影响，怡园之筑，可以征之矣。

"以楼环园，以水环楼。"以水环楼，此我品耦园之论。此园其能引人入胜者，且尽泉石一端而已。相地得宜，因地成景，耦园可谓得环境之优。

园清初陆锦所筑，即今之西部。同光间沈秉成重构之，增东部之园，故名为"耦"。沈解园事，修葺得宜，住宅与园林之参错组合，一反常规，吴中当推此园。

西园以书斋织帘老屋为主，前后列山石，以藏书楼压其背，小轩隐其前。迤西为厅事，经廊院，达东园，黄石山依池，水狭长，尽端有水阁名山水间，山间僻径，名"邃谷"，与水流相间，皆以幽深取胜。山之石壁冠吴中，朴厚之境，宛如太古，山麓衬以古柏，益多苍郁。北殿城曲草堂，示主人退隐之思。东南为双照楼，与"耦"同意。楼以复道廊相联，南接听橹楼，楼名点景。

耦园外之外为城河，风帆出没，橹声欸乃，故景、声、影，皆能一一招纳园内，赖楼以出之，而关键在一"环"字。造园固难，品园不易，游园更忌草草，有形之景，兴无限之情，庶几不负名园也。

《春苔集》，
花城出版社，一九八五年版

苏州拙政园大门
（本书插图选自作者编著的《苏州园林》、《扬州园林》）

苏州狮子林探幽门

苏州留园自五峰仙馆望远翠阁

苏州沧浪亭步碕亭廊

苏州畅园东面一角

苏州韩家巷鹤园一角

苏州戒幢寺西园湖心亭

苏州芳草园一角

扬州园林与住宅

　　扬州是一个历史悠久的古城，很早以来就多次出现繁华景象，成为我国经济最为富裕的地方；由于物质基础的丰厚，从而为扬州文化艺术的发展创造了有利的条件。表现在园林与住宅方面，也有其独特的成就和风格。但是对扬州的古代建筑艺术，人们历来持有各种不同的看法，没有能够认识到这一切均是劳动人民智慧的结晶。

　　"中国历来只是地主有文化，农民没有文化。可是地主的文化是由农民造成的，因为造成地主文化的东西，不是别的，正是从农民身上掠取的血汗。"（《毛泽东选集》第一卷第三十九页）我们批判任何一件建筑艺术，无论从资料上，从艺术技巧上，都应依此为准绳。试从历史的发展来看，远在公元前四八六年周敬王三十四年，吴王夫差在扬州筑邗江城，并开凿河道，东北通射阳湖，西北至米口入淮，用以运粮。这是扬州建城的开始和"邗沟"得名的由来。扬州由于地处江淮要冲，自东汉后便成为我国东南地区的政治军事重镇之一。从经济条件来说，鱼、盐、工农业等各种生产事业都很发达，同时又是全国粮食、盐、铁等的主要集散地之一；隋唐以后更是我国对外文化联络和对外贸易的主要港埠。这些都奠定了扬州趋向繁荣的物质基础。

隋唐时代的扬州，是极其重要而富庶的地方。从隋文帝（杨坚）统一南北以后，江淮的富源得到了繁荣的机会，扬州位于江淮的中心，自然也就很快地兴盛起来。其后隋炀帝（杨广）恣意寻欢作乐来到扬州，又大兴土木，建造离宫别馆。虽然这时的扬州开始呈现了空前的繁荣，却不能使扬州的富庶得到真正的发展。但是隋炀帝时所开凿的运河，则又使扬州成为掌握南北水路交通的枢纽，为以后的经济繁荣提供了有利的条件。在建筑技术上，由于统治阶级派遣来的北方匠师，与江南原有的匠师在技术上得到了交流与融合，更大大地推进了日后扬州建筑的发展。唐朝的诗人杜牧曾有"谁知竹西路，歌吹是扬州"的诗句，从表面的城市浮华现象来歌颂，而实际上扬州的广大劳动人民，仍旧过着捐税重重的生活。他们以农业、手工业为主从事着生产，表现了勤劳朴实的本色，这些应该说是经济繁荣的主要基础。

早在南北朝时期（公元四二〇至五八九年），宋人徐湛之在平山堂下建有风亭、月观、吹台、琴室等。到唐朝贞观年间（公元六二七至六四九年），有装谌的樱桃园，已具有"楼台重复、花木鲜秀"的境界，而郝氏园还要超过它。但唐末都受到了破坏。宋时有郡圃、丽芳园、壶春园、万花园等，多水木之胜。金军南下，扬州受到较大的破坏。正如南宋姜夔于淳熙三年（公元一一七六年）《扬州慢》词上所诵："自胡马窥江去后，废池乔木，犹厌言兵。渐黄昏，清角吹寒，都在空城。"同时宋金时期，运河已经阻塞，至元初漕运不得不改换海道，扬州的经济就不如过去繁荣了。元代仅有平野轩、崔伯亭园等二三例记载。明代初叶运河经过整修，又成为南北交通的动脉，扬州也重新成了两淮区域盐的集散地。明中叶后由于资本主义经济的萌芽，城市更趋繁荣，除盐业以外，其他的商业与手工业也都获得了发展。到十七八世纪的清代，扬州的经济，在表面上可说是到了最繁荣的时期。这种繁荣实际上是封建统治阶级穷奢极侈、腐化堕落、消极颓唐、享乐寻欢的具体表现，而扬州的劳动人民，却以他们的勤劳与智慧，创造了独特的园林建筑艺术，为我国古代文化遗产作出了一定的贡献。

明代中叶以后，扬州的商人，以徽商居多，其后赣（江西）商、湖广（湖南、湖北）商、粤（广东）商等亦接踵而来。他们与本地商人共同经营了商业，所获得的大量资金，并没有积累起来从事再生产。除了花费在奢侈的生活之外，又大规模地建筑园林和住宅。由于水路交通的便利，随着徽商的到来，又来了徽州的建筑匠师，使徽州的建筑手法融合在扬州建筑艺术之中。各地的建筑材料，及附近香山（苏州香山）匠师，更由于舟运畅通源源到达扬州，使扬州建筑艺术更为增色。在园林方面，如明万历年间（公元一五七三至一六一九年）太守吴秀所筑的梅花岭，叠石为山，周以亭台。明末郑氏兄弟（元嗣、元勋、元化、侠如）的四处大园林——影园（元勋）、休园（侠如）、嘉树园（元嗣）、五亩之园（元化），不论在园的面积上或造园艺术上都很突出。影园是著名造园家吴江计成的作品，园主郑元勋因受匠师的熏陶，亦粗解造园之术。这时的士大夫就是那样"寄情"于山水，而匠师们却在平原的扬州叠石凿池，以有限的空间构成无限的景色，建造了那"宛自天开"的园林。这些为后来清乾隆时期（公元一七三六至一七九五年）的大规模兴建园林，在技术上奠定了基础。清兵南下，这些建筑受到了极大的破坏，只有从现存的几处楠木大厅，尚能看到当时建筑手法的片断。

清初，统治阶级在扬州建有王洗马园、卞园、员园、贺园、冶春园、南园、郑御史园、篠园等，号称"八大名园"。乾隆时因高宗（弘历）屡次"南巡"，为了满足尽情享乐的欲望，便大事建筑亭、台、阁、园[1]。扬州的绅商们想争宠于皇室，达到升官发财的目的，也大事修建园林。自瘦西湖至平山堂一带，更是"两堤花柳全依水，一路楼台直到山"，有"二十四景"之称，并著名于世。所以李斗《扬州画舫录》卷六中引刘大观言："杭州以湖山胜，苏州以市肆胜，扬州以园林胜，三者鼎峙，不

---

[1] 《水窗春呓》卷下"维扬胜地"条："扬州园林之胜，甲于天下，由于乾隆朝六次南巡，各盐商穷极物力以供宸赏。计自北门直抵平山，两岸数十里楼台相接，无一处重复，其尤妙者在虹桥迤西一转，小金山蠡其南，五顶桥锁其中，而白塔一区雄伟古朴，往往夕阳返照，箫鼓灯船，如入汉宫图画。盖皆以重资广延名士之创稿，一一布置使然也。城内之园数十，最旷逸者断推康山草堂，而尉氏之园，湖石亦最胜，闻移植时费二十余万金。其华丽缜密者，为张氏观察所居，俗所谓张大麻子是也。张以一寒士，五十岁外始补通州运判，十年而拥资百万，其缺固优，凡盐商巨案皆令其承审，居间说合，取之如携，后已捐升道员，分发甘肃。蒋相国为两江，委其署理运司，为言官所纠，罢去，蒋亦由此降调。张之为人盖亦世俗所谓非常能员耳。余于戊戌（道光十八年，即公元一八三八年）赘婚于扬，曾往其园一游，未数日即毁于火，犹幸眼福之未差也。园广数十亩，中有三层楼，可瞰大江，凡赏梅、赏荷、赏桂、赏菊，皆各有专地。演剧宴客，上下数级如大内式。另有套房三十馀间，回环曲折，迷不知所向，金玉锦绣，四壁皆满，禽鱼尤多。……"

可轩轾，洵至论也。"清朝的统治阶级正利用这种"南巡"的机会进行搜括，美其名为"报效"。商人也在盐中"加价"，继而又"加耗"。皇帝还从中取利，在盐中提成，名"提引"。皇帝又发官款借给商人，生息取利，称为"帑利"。日久以后，"官盐"价格日高，商人对盐民的剥削日益加重，而广大人民的吃盐也更加困难。封建的官商，凭着搜括剥削得来的资金，不惜任意挥霍，争建大型园林与住宅，做了控制它命运的主人。封建社会的统治阶级与豪绅富贾，以这种动机和企图来对待劳动人民所造成的园林作品，自然使这些园林蕴藏着难以久长的因素。这时期的园林兴造之风，正如《扬州画舫录》谢溶生序文中说："增假山而作陇，家家住青翠城闉；开止水以为渠，处处是烟波楼阁。"流风所及，形成了一种普遍造园的风气。因此除瘦西湖上的园林外，如天宁寺的行宫御花园、法净寺的东西园、盐运署的题襟馆、湖南会馆的隶园，以及九峰园、乔氏东园、秦氏意园、小玲珑山馆等，都很著名。其他如祠堂、书院、会馆，下至餐馆、妓院、浴室等，也都模拟叠石引水，栽花种竹了。这种庭院内略微点缀的风气，似乎已成为建筑中不可缺少的部分。

从整个社会来看，乾隆以后，清朝的统治开始动摇，同时中国二千年的长期封建社会，也走向下坡，清帝就不再敢"南巡"了。国内的阶级矛盾与民族矛盾，正酝酿着大规模的斗争，西方资本主义的浪潮日益紧逼，从而摇动了封建社会的基础。到嘉庆时，扬州盐商日渐衰落。鸦片战争后，继以《江宁条约》五口通商，津浦铁路筑成，同时海上交通又日趋发达，扬州在经济、交通上便失去了其原有的地位。早在道光十四年（公元一八三四年），阮元作《扬州画舫录跋》，道光十九年（公元一八三九年）又作《后跋》，历述他所看见的衰败现象，已到了"楼台荒废难留客，林木飘零不禁樵"的地步，比太平天国军于一八五三年攻克扬州还早十九年。由此可见，过去的许多记载，把瘦西湖一带园林被毁坏的责任，强加于农民革命军身上，显然是非常错误的。咸丰、同治以后，扬州已呈时兴时衰的"回光返照"状态，所谓"繁荣"只是靠镇压太平天国革命起家的官僚富商，在苟延残喘的清朝统治政权的末期，粉饰太平而已。民国以后，在军阀、国民党反动派以及日伪的统治下，整个国民经济到了山穷水尽的地步，园林与大型住宅被破坏得更多。兼以"盐票"的取消，盐商无利可图，坐吃山空，因而都以拆屋售料、拆山售石为生，而反动派又强占园林不加保护，几乎被毁坏殆尽①。

---

① 《水窗春呓》卷下"广陵名胜"条："扬州则全以园林亭榭擅场，虽皆由人工，而匠心灵构。城北七八里夹岸楼舫，无一同者，非乾隆六十年物力人才所萃，未易办也。嘉庆一朝二十五年，已渐颓废。余于己卯（嘉庆二十四年，即公元一八一九年）、庚辰（嘉庆二十五年，即公元一八二〇年）间侍母南归，犹及见大小虹园，华丽曲折，疑游蓬岛，计全局尚存十之五六。比戊戌（道光十八年，即公元一八三八年）赘姻于邗，已逾二十年，荒田茂草已多，然天宁门城外之梅花岭、东园、城闉清梵、小秦淮、虹桥、桃花庵、小金山、云山阁、尺五楼、平山堂皆尚完好。五、六、七诸月，游人消夏，画船箫鼓，送夕阳，醉新月，歌声遏云，花气如雾，风景尚可肩随苏杭也。……"

《龚自珍全集》第三辑《己亥（道光十九年，即公元一八三九年）六月重过扬州记》："居礼曹，客有过者曰：卿知今日之扬州乎？读鲍照《芜城赋》，则过之矣。余悲其言。……扬州三十里首尾屈折高下见。晓雨沐屋，瓦鳞鳞然，无零整断甓，心已疑礼曹过客言不实矣。……客有请吊蜀岗者，舟甚捷……舟人时时指两岸曰，某园故址也，某家酒肆故址也，约八九处，其实独倚虹园圮无存。曩所信宿之西园，门在，悬榜在，（转下页）

解放以后，在党的正确领导下，建立了扬州市文物管理委员会与扬州市园林管理处，加以维护和修整，使这份文化遗产重显其青春。

扬州位于我国南北之间，在建筑上有其独特的成就与风格，是研究我国传统建筑的一个重要地区。很明显，扬州的建筑是北方"官式"建筑与江南民间建筑两者之间的一种介体。这与清帝"南巡"、四商杂处、交通畅达等有关，但主要的还是匠师技术的交流。清道光间钱泳的《履园丛话》卷十二载："造屋之工，当以扬州为第一。如作文之有变换，无雷同，虽数间之筑，必使门窗轩豁，曲折得宜……盖厅堂要整齐，如台阁气象；书房密室要参差，如园亭布置，兼而有之，方称妙手。"在装修方面，也同样考究，据同书卷十二载："周制之法，惟扬州有之。明末有周姓者，始创此法，故名周制。"北京圆明园的重要装修，就是采用"周制"之法，由扬州"贡"去的。（从周案，据友人王世襄说："所谓'周制'，当指周翥所制的漆器，见谢堃《金玉琐碎》。……故钱泳说：'明末有周姓者，始创此法。'不可信。"）其他名匠谷丽成、成烈等，都精于宫室装修。姚蔚池、史松乔、文起、徐履安、黄晟、黄履暹兄弟（履吴、履昂）等，对建筑及布置方面都有不同造诣。又据《扬州画舫录》卷二记

（接上页）尚可识，其可登临署尚八九处，阜有桂，水有芙蕖菱芡，是居扬州城外西北隅，最高秀。"从周案：龚氏匆匆过扬州，所见甚略，文虽如是，难掩荒败之景。

钱泳《履园丛话》卷二十"平山堂"条："扬州之平山堂，余于乾隆五十二年（一七八七年）秋始到，其时九峰园、倚虹园、篠园、西园曲水、小金山、尺五楼诸处，自天宁门外起，直到淮南第一观，楼台掩映，朱碧鲜新，宛入赵千里仙山楼阁中。今隔三十馀年，几成瓦砾场，非复旧时光景矣。……"

载："扬州以名园胜，名园以叠石胜。"在叠石方面，扬州名手辈出，如明清两代叠影园山的计成，叠万石园、片石山房的石涛，叠白沙翠竹与江村石壁的张涟，叠怡性堂宣石山的仇好石，叠九狮山的董道士，叠秦氏小盘谷的戈裕良，以及王天于（从周按，朱江同志据扬州博物馆藏王氏遗嘱，认为应作王庭余。王殁于道光十年〔公元一八三○年〕，寿八十）、张国泰等。晚近有叠萃园、怡庐、匏庐、蔚圃和冶春等的余继之。他们有的是当地人，有的是客居扬州的。在叠山技术方面，他们互相交流，互相推敲，都各具有独特的造诣，在扬州留下了不少的艺术作品，使我国叠山艺术得到了进一步的提高。

关于扬州园林及建筑的记述，除通志、府志、县志记载外，尚有清乾隆间的《南巡盛典》、《江南胜迹》、《行宫图说》、《名胜园亭图说》，程梦星《扬州名园记》、《平山堂小志》，汪应庚《平山堂志》、赵之璧《平山堂图志》、李斗《扬州画舫录》，以及稍后的阮中《扬州名胜图记》、钱泳《履园丛话》、道光间骆在田《扬州名胜图》，和晚近王振世《扬州览胜录》、董玉书《芜城怀旧录》等，而尤以《扬州画舫录》记载最为详实，其中《工段营造录》一卷，取材于《大清工部工程做法则例》与《圆明园则例》，旁征博引，有历来谈营造所不及之处。但是这些书有的着重歌颂帝王的巡幸，有的赞叹盐商的豪举，有的思古怀旧，都是在粉饰太平、侈谈风雅、留恋光景的意识上写的，至今还有人深受它的诱惑，这是研究扬州历史所应注意的。

扬州位于长江下游北岸，与镇江隔江对峙，南濒大江，北负蜀冈，西有扫垢山，东沿运河，就地势而论，较为平坦，西北略高而东南稍低。土壤大体可分两类：西北山丘地区属含钙的黏土；东南为冲积平原，地属砂积土；地面上则多瓦砾层。扬州气候属北温带，为亚热带的渐变地区。夏季最高平均温度在摄氏三十度左右，冬季最低平均温度在摄氏一至二度。因为离海很近，夏季有海洋风，所以较为凉爽，冬季则略寒冷。土壤冻结深度一般为十至十五厘米，年降雨量一般都在一千毫米以上。属季候风区域，夏季多东风，冬季多东北风。常年的主导风向为东北风。在台风季节，还受到一定的台风影响。

扬州的自然环境，既具有平坦的地势，温和的气候，充沛的雨量以及较好的土质，有利于劳动生产与生活，又地处交通的中心，商业发达，因此历来便成为繁荣的所在，促进了建筑的发展。不过在这样的自然条件下，以建筑材料而论，扬州仍然是缺乏木材与石料的，因此大都仰给于外地。在官僚富商的住宅与园林中，更出现了珍贵的建筑材料，如楠木、紫檀、红木、花梨、银杏、大理石、高资石、太湖石、灵璧石、宣石等。

今日扬州园林与住宅的分布，比较集中在城区，而最大的建筑又多在新城部分。按其发展情况，过去旧城居住者，为士大夫与一般市民，而新城则多盐商。清中叶前，盐商多萃集在东关街一带，如小玲珑山馆、寿芝园（个园前身）、百尺梧桐阁、约园与后来的逸圃等。较晚的有地官第的汪氏小苑、紫气东来巷的沧州别墅等，亦与此相邻。同时又渐渐扩展到花园巷南河下一带，如秋声馆、随月读书楼、片石山房、棣园、小盘谷、寄啸山庄等。这些园林与住宅的四周都筑有高墙，外观多半与江南的城市面貌相似。旧城部分建筑，一般较低小，但坊巷排列却很整齐，还保留了苏北地区朴素的地方风格。这是与居住者的经济基础分不开的。较好的居住区，总是在水陆交通便利，接近盐运署和商业地区。

目前扬州城区还保存得比较完整的园林，大小尚有三十处。具有典型性的，要推片石山房、个园、寄啸山庄、小盘谷、逸圃、余园、怡庐和蔚圃等。住宅为数尚多，如卢宅、汪宅、赵宅、魏宅等，皆为不同类型的代表。我们几年来作了较全面的调查与重点的测绘，可提供一份研究扬州园林与住宅的参考资料。

园　林

片石山房一名"双槐园"，在新城花园巷何芷舠宅内，初系吴家龙的别业，后属吴辉谟。[①] 今尚存假山一丘，相传为石涛手笔，誉为石涛叠山的"人间孤本"。假山南向，从平面看来是一座横长形的倚墙山。西首以今存气势来看，应为主峰，迎风耸翠，奇峭迎人，俯临着水池。人们从飞梁（用一块石造成的桥）经过石磴，有腊梅一株，枝叶扶苏，曲折地沿着石壁，可登临峰顶。峰下筑正方形的石室（用砖砌）二间，所谓片石山房，

---

① 清嘉庆《江都县续志》卷五："片石山房在花园巷，吴家龙辟，中有池，屈曲流前为水榭，湖石三面环列，其最高者特立耸秀，一罗汉松踞其巅，几盈抱矣，今废。"

清光绪《江都县续志》卷十二："片石山房在花园巷，一名双槐园，县人吴家龙别业，今粤人吴辉谟修葺居之。园以湖石胜，石为狮九，有玲珑夭矫之概。"

续纂光绪《扬州府志》卷五："片石山房在徐宁门街花园巷，一名双槐园，旧为邑人吴家龙别业。池侧嵌太湖石，作九狮图，夭矫玲珑，具有胜概，今属吴辉谟居焉。"

就是指此石室说的。向东山石蜿蜒，下面筑有石洞，很是幽深，运石浑成，仿佛天然形成。可惜洞西的假山已倾倒，山上的建筑物也不存在，无法看到它的原来全貌了。这种布局的手法，大体上还继承了明代叠山的惯例，不过重点突出，使主峰与山洞都更为显著罢了。全局的主次分明，虽然地形不大，布置却很自然，疏密适当，片石峥嵘，很符合片石山房的这个名字的含义。扬州叠山以运用小料见长。石涛曾经叠过万石园，想来便是运用高度的技巧，将小石拼镶而成。在堆叠片石山房之前，石涛对石材同样进行了周密的选择，以石块的大小，石纹的横直，分别组合摹拟成真山形状；还运用了他画论上的"峰与皴合，皴自峰生"（见石涛《苦瓜和尚画语录》）的道理，叠成"一峰突起，连冈断堑，变幻顷刻，似续不续"（见石涛《苦瓜小景》题辞）的章法。因此虽高峰深洞，却一点没有人工斧凿痕迹，显出皴法的统一，全局紧凑，虚实对比有方。按，《履园丛话》卷二十："扬州新城花园巷，又有片石山房者。二厅之后，湫以方池，池上有太湖石山子一座，高五六丈，甚奇峭，相传为石涛和尚手笔。其地系吴氏旧宅，后为一媒婆所得，以开面馆，兼为卖戏之所，改造大厅房，仿佛京师前门外戏园式样，俗不可耐矣。"据以上的记载与志书所记，地址是相符合的，二厅今尚存一座，面阔三间的楠木厅，它的建筑年代当在乾隆年间。山旁还存有走马楼（川楼），池虽被填没，可是根据湖石驳岸的范围考寻，尚能想象到旧时水面的情况。假山所用湖石，与记载亦能一致。山峰高出园墙，它的高度和书上记载的相若，顶部今已有颓倾。至于叠山之妙，独峰依云，秀映清流，确当得起"奇峭"二字。石壁、磴道、山洞，三者最是奇绝。石涛叠山的方法，给后世影响很大，而以乾嘉年间的戈裕良最为杰出。戈氏的叠山法，据《履园丛话》卷十二："……只将大小石钩带联络，如造环桥法，可以千年不坏，要如真山洞壑一般，然后方称能事。"苏州的环秀山庄、常熟的燕园，与已毁的扬州秦氏意园小盘谷是他叠的，前二处今都保存了这种钩带联络的做法。

个园在东关街，是清嘉庆、道光间盐商两淮商总黄应泰（至筠）所筑。应泰别号个园，园内又植竹万竿，所以题名个园。据刘凤诰所撰《个园记》："园系就寿芝园旧址重筑。"寿芝园原来叠石，相传为石涛所叠，但没有可靠的根据，或许因园中的黄石假山，气势有似安徽的黄山，石涛喜画黄山景，就附会是他的作品了。个园原来范围较现存要大些。现今住宅部分经维修后，仅存留中路与东路，大门及门屋已毁，照壁上的砖刻很精工。住宅各三进。正路大厅明间（当中的一间），减去两根"平柱"，这样它的开间就敞大了，应该说是当时为了兼作观戏之用才这样处理的。每进厅旁，都有套房小院，各院中置不同形式的花坛，竹影花香，十分幽静。园林在住宅的背面，从"火巷"（屋边小弄）中进入；有一株老干紫藤，浓荫深郁，人们到此便能得到一种清心悦目的感觉。往前左转达复道廊（两层的游廊），迎面左右有两个花坛，满植修竹，竹间放置了参差的石笋，用一真一假的处理手法，象征着春日山林。竹后花墙正中开一月洞门，上面题额是"个园"。门内为桂花厅，前面栽植丛桂，后面凿池，北面沿墙建楼七间，山连廊接，木映花承，登楼可鸟瞰全园。池的西面原有二舫，名"鸳鸯"。与此隔水相对耸立着六角亭。亭倒映池中，清澈如画。楼西叠湖石假山，名"秋云"（黄石秋山对景，故云），秀木繁阴，有松如盖。山下池水流入洞谷，渡过曲桥，有洞如屋，曲折幽邃，苍健夭矫，能发挥湖石形态多变的特征。因为洞屋较宽畅，洞口上都山石外挑，而水复流入洞中，兼以石色青灰，在夏日更觉凉爽。此处原有"十二洞"之称。假山正面向阳，湖石石面变化又多，尤其在夏日的阳光与风雨中所起的阴影变化，更是好看，予人有夏山多态的感觉。因此称它为"夏山"。山南今很空旷，过去当为植竹的地方，想来万竿摇碧，流水湾环，又另生一番境界。从湖石山的磴道引登山巅，转至七间楼、经楼、廊与复道，可到东首的黄石大假山。山的主面向西，每当夕阳西下，一抹红霞，映照在黄石山上，不但山势显露，并且色彩倍觉醒目。山的本身拔地数丈，峻峭凌云，宛如一幅秋山图，是秋日登高的理想所在。它的设计手法，与春景夏山同样利用不同的地位、朝向、材料和山的形态，达到各具特色的目的。山间有古柏出石隙中，使坚挺的形态与山势取得调和，苍绿的枝叶又与褐黄的山石造成对比。它与春景用竹、夏山用松一样，在植物配置上，能从善于陪衬以加深景色出发，是经过一番选择与推敲的。磴道置于洞中，洞顶钟乳垂垂（以黄石倒悬代替钟乳石），天光隐隐从石窦中透入，人们在洞中上下盘旋，造奇致胜，构成了立体交通，发挥了黄石叠山的效果。山中还有小院、石桥、石室等与前者的综合运用，这又是别具一格的设计方法，在它处园林中尚是未见。山顶有亭，人在亭中见群峰皆置脚下，北眺绿杨城郭、瘦西湖、平山堂及观音山诸景，一一招入园内，是造园家极巧妙的手法，称为"借景"。山南有一楼，上下皆可通山。楼旁有一厅，厅的结构是用硬山式（建筑物只前后两坡用屋顶，两侧用山墙），悬姚正镛题"透风漏月"匾额。厅前堆白色雪石（宣石）假山，为冬日赏雪围炉的地方。因为要象征有雪意，将假山置于南面向北的墙下，看去有如积雪未消的样子。反之，如将雪石置于面阳的地方，则石中所含石英闪闪作光，就与雪意相违，这是叠雪石山时不能不注意的事。墙东列洞，引隔墙春景入院，借用"大地回春"的意思。上山可通入园的复道廊，但此复道廊已不存。

个园以假山堆叠的精巧而出名。在建造时，就有超出扬州其他园林之上的意图，故以石斗奇，采取分峰用石的手法，号称"四季假山"，为国内唯一孤例。虽然大流芳巷八咏园也有同样的处理，却没有起峰。这种假山似乎概括了画家所谓"春山淡冶而如笑，夏山苍翠而如滴，秋山明净而如妆，冬山惨淡而如睡"（见郭熙《林泉高致》），以及"春山宜游，夏山宜看，秋山宜登，冬山宜居"（见戴熙《习苦斋题画》）的画理，实为扬州园林中最具地方特色的一景。

寄啸山庄在花园巷，今名"何园"。为清光绪间做道台的何芷舠所筑，是清代扬州大型园林的最后作品。由住宅可达园内。园后刁家巷另设一门，当时是为招待外客的出入口。住宅建筑除楠本厅外，都是洋房，楼横堂列，廊庑回缭，在平面布局上，尚具中国传统。从宅中最后进墙上的什锦空窗（砖框）中隐约地能见到园的一角。园中为大池，池北楼宽七楹，因主楼三间稍突，两侧楼平舒展伸，屋角又都起翘，有些像蝴蝶的形态，当地人叫做"蝴蝶厅"。楼旁连复道廊可绕全园，高低曲折，人行其间有随势凌空的感觉。而中部与东部，又用此复道廊作为分隔。人们的视线通过上下壁间的漏窗，可互见两面景色，显得空灵深远。这是中国园林利用分隔扩大空间面积的手法之一。此园运用这一手法，较为自如而突出。池东筑水亭，四角卧波，为纳凉拍曲的地方。此戏亭利用水面的回音，增加音响效果，又利用回廊作为观剧的看台。在封建社会，女宾只能坐在宅内贴园的复道廊中，通过疏帘，从墙上的什锦空窗中观看。这种临水筑台以增强音响效果的手法，今天还可以酌予采取，而复道廊隔帘观剧的看台是要扬弃的。如用空窗作为引景泄景，以加深园林层次与变化，当然还是一种有效的手法。所谓"景物锁难小牖通"，便是形容这种境界。池西南角为假山，山后隐西轩，轩南有牡丹台，随着山势层叠起伏，看去十分自然。这种做法并不费事，而又平易近人，无矫揉做作之态，新建园林中似可推广。越山穿洞，洞幽山危，黄石山壁与湖石磴道，尚宛转多姿，虽用不同的石类，却能浑成一体。山东麓有一水洞，略具深意，唯一头与柱相交接，稍嫌考虑不周。山南崇楼三间，楼前峰峦嶙峋，经山道可以登楼，向东则转入住宅复道。复道廊为叠落形（屋顶顺次作阶段高低），有游廊与复廊（一条廊中用墙分隔为二）两种形式，墙上开漏窗，巧妙地分隔成中、东两部。漏窗以水磨砖对缝构成，面积很大，图案简洁，手法挺秀工整。廊东有四面厅，与三间轩相对置，院中碧梧倚峰，阴翳蔽日，阶下花街铺地（用鹅石子与碎砖瓦等拼花铺成的地面），与厅前砖砌阑凳极为相称，形成一种成功的作品。它和漏窗一样，亦为别处所不及，是具有地方风格的一种艺术品。厅后的假山，贴墙而筑，壁岩与磴道无率直之弊，假山体形不大，尚能含蓄寻味。尤其是小亭踞峰，旁倚粉墙之下，加之古木掩映，每当夕阳晚照，碎影满阶，发挥了中国园林中就白粉墙为底所产生的虚实景色。虽然面积不大，但景物的变化万千，在小空间的院落中，还是一种可取的手法。山西北有磴道，拾级可达楼层复道廊中的半月台，它与西部复道廊尽端楼层的旧有半月台，都是分别用来观看升月与落月的。在植物配置方面，厅前山间栽桂，花坛种牡丹、芍药，山麓植白皮松，阶前植梧桐，转角补芭蕉，均以群植为主，因此葱翠宜人，春时绚烂，夏日浓荫，秋季馥郁，冬令苍青。这都有规律可循，是就不同植物的特性，因地制宜地安排的。此园以开畅雄健见长，水石用来衬托建筑物，使山色水光与崇楼杰阁、复道修廊相映成趣，虚实互见。又以厅堂为主，以复道廊与假山贯串分隔，上下脉络自存，形成立体交通、多层欣赏的园林。它的风景面则环水展开，花墙构成深深不尽的景色，楼台花木，隐现其间。此园建造时期较晚，装修已多新材料与新纹样，又另辟园门可招待外客等。其格局更是较之过去的为宏畅，使游者由静观的欣赏，渐趋动观的游览，而透迤衡直，阊爽深密，曲具中国园林的特征，在造园手法上有一定程度的出新。但因其阶级的局限性，仍脱离不了狭窄的个人天地与没落的情趣。这园不失为这时期的代表作品。

小盘谷在大树巷。清光绪二十年后，两江、两广总督周馥购自徐姓重修而成。至民国初年复经一度修整。园在宅的东部，自大厅旁入月门，额名"小盘谷"。从笔意看来，似出陈鸿寿（字曼生，杭州人。西泠八家印人之一，生于清乾隆三十三年〔公元一七六八年〕，殁于道光二年〔公元一八二二年〕）之手。花厅三间面山作曲尺形，游者绕到厅后，忽见一池汪洋，豁然开朗。厅侧有水阁枕流，以游廊相接，它与隔岸山石、隐约花墙，形成一种中国园林中惯用的以建筑物与自然景物相对比的手法。廊前有曲桥达对岸，桥尽入幽洞。洞很广，内置棋桌，利用穴窦采光，复临水辟门，人自此可循阶至池。洞左通步石（用石块置水中代桥）、崖道，导至后部花厅，厅前山尽头有磴道可上山。这里是一个很好的谷口，题为"水流云在"。山洞的处理，既开敞又曲折多变化，应该说是构筑山洞中的好实例。右出洞转入小院，向上折入游廊，可登山巅。山上有亭名"风亭"，坐亭中可以顾盼东西两部的景色。今东部布置已毁，正在修复中。其入口门作桃形额为"丛翠"。池北曲尺形厅，今已改建。山拔地峥嵘，名"九狮图山"。峰高约九米余，惜民国初年修缮时，略损原状。此园假山为扬州诸园中的上选作品。山石水池与建筑物皆集中处理，对比明显，用地紧凑。以建筑物与山石、山石与粉墙、山石与水池、前院与后园、幽深与开朗、高峻与低平等对比手法，形成一时难分的幻景。花墙间隔得非常灵活，山峦、石壁、步石、谷口等的选置，正是危峰耸翠，苍岩临流，水石交融，浑然一片，妙在运用"以少胜多"的艺术手法。虽然园内没有崇楼与复道廊，但是幽曲多姿，浅画成图。廊屋皆不髹饰，以木材的本色出之。叠山的技术尤佳，足与苏州环秀山庄抗衡，显然出于名匠师之手。案，清光绪《江都县续志》卷十二记片石山房云："园以湖石胜，石为狮九，有玲珑夭矫之概。"（据友人耿鉴庭云："九狮石在池上亦有，积雪时九狮之状毕现。"今毁。）今从小盘谷假山章法分析，似以片石山房为蓝本，并参考其他佳作综合提高而成。又据《扬州画舫录》卷二云："淮安董道士叠九狮山，亦籍籍人口。"卷六又云："卷石洞天在城阔清梵之后……以旧制临水太湖石山，搜岩剔穴为九狮形，置之水中，上点桥亭，题之曰'卷石洞天'。"扬州博物馆藏李斗书《九狮山》条幅，盛谷跋语指为"卷石洞天"九狮山，但未言系董道士所叠。据旧园主周叔弢丈及煦良先生说，小盘谷的假山一向以九狮图山相沿称，由来已很久，想系定有所据。我认为当时九狮山在扬州必不止一处，而以卷石洞天为最出名。董道士以叠此类假山而著名，其后渐渐形成了一种风气。董道士是乾隆间人，今证以峰峦、洞曲、崖道、壁岩、步石、谷口等，皆这一时期的手法，而陈鸿寿所书一额，时间又距离不太远。因此，我姑且提出这个假设。即使不是董道士的原作，亦必摹拟其手法而成。旧城南门堂子巷的秦氏意园小盘谷，系黄石堆叠的假山小品，乾嘉年间所筑，出于名匠师常州戈裕良之手，今不存。《履园丛话》卷十二载："近时有戈裕良者，常州人，其堆法尤胜于诸家。"据此，则戈氏时期略迟于董道士。从秦氏小盘谷遗迹来看，山石平淡蕴藉，以"阴柔"出之，而此小盘谷则高险磅礴，似以"阳刚"制胜。这两位叠山名手同时作客扬州，那么这两件艺术作品，正是他们颉颃之作，用以平分秋色了。

东关街个园的西首，有园名"逸圃"，为李姓的宅园。从大门入，迎面有月门，额书"逸圃"二字。左转为住宅。月门内有廊修直，在东墙叠山，委婉屈曲，壁岩森严，与墙顶之瓦花墙形成虚实对比。山旁筑牡丹台，花时若锦。山间北头的尽端，倚墙筑五边形半亭，亭下有碧潭，清澈可以照人。花厅三间南向，装修极精。外廊天花，皆施浅雕。厅后小轩三间，带东厢配以西廊，前置花木山石。轩背置小院，设门而常关，初看去与木壁无异。沿磴道可达复道廊，即由楼后转入隔园。园在住宅之后，以复道与山石相连，折向西北，有西向楼三间，面峰而筑。楼有盘梯可下，旁有紫藤一架，老干若虬，满阶散绿，增色不少。此园与苏州曲园相仿佛，都是利用曲尺形隙地加以布置的，但比曲园巧妙，形成上下错综，境界多变。匠师们在设计此园时，利用"绝处逢生"的手法，造成了由小院转入隔园的办法，来一个似尽而未尽的布局。这种情况在过去扬州园林中并不少见，亦扬州园林特色之一。

怡庐是稽家湾黄宅（银钱商黄益之宅）花厅的一部分，系余继之的作品。余工叠山，善艺花卉，小园点石尤为能手。怡庐花厅计二进。前进的前后皆列小院。院中东南二面筑廊，西面则点雪石一丘，荫以丛桂。厅后翼两厢，小院的花坛上配石笋修竹，枝叶纷披，人临其间有滴翠分绿的感觉。厅西隔花墙，自月门中入，有套房内院，它给外院造成了"庭院深深深几许"的景色，又因外院的借景，内院便显得小中见大了。这是中国建筑中用分隔增大空间的手法，在居住的院落中是较好的例子。后厅亦三间，面对山石，其西亦置套房小院。从平面论，此小园无甚出人意料处，但建筑物与院落比例匀当，装修亦以横线条出之，使空间宽绰有余，而点石栽花，亦能恰到好处。至于大小院落的处理，又能发挥其密处见疏，静中生趣的优点。从这里可见，绿化及空间组合对小型建筑的重要性了。

余园在广陵路，初名"陇西后圃"。清光绪间归盐商刘姓后，就旧园修筑而成，又名"刘庄"。因曾设怡大钱庄于此，一般称"怡大花园"。园位于住宅之后，以院落分隔，前院南向为厅，其西缀以廊屋，墙下筑湖石花坛，有白皮松两株。厅后一院，西端多修竹。此墙下叠黄石山，由礓道可登楼。东院有楼北向筑。其下凿池叠山，而湖石壁岩，尤为这园精华的所在。

陈氏蔚圃在风箱巷。东南角入门，院中置假山，配以古藤老柏，很觉苍翠葱郁。假山仅墙下少许，然有洞可寻，有峰可赏，自北部厅中望去，景物森然。东西两面配游廊，西南角则建水榭，下映鱼池，多清新之感。这小院布置虽寥寥数事，却甚得体。

蔚圃旁有杨氏小筑，真可谓一角的小园，原属花厅书斋部分。入门为花厅两间，前列小院，点缀少量山石竹木，以花墙分隔。旁有斜廊，上达小阁。阁前山石间有水一泓，因地位过小，以鱼缸聚水，配合很觉相称。园主善艺兰，此小园平时以盆兰为主花，故不以绚丽花木而夺其芬芳。此处虽不足以园称，然园的格局具备，前后分隔得宜，咫尺的面积，能无局促之感，反觉多左右顾盼生景的妙处。

扬州园林的主人，以富商为多。他们除拥有盘剥得来的物质财富外，还捐得一个空头的官衔，以显耀其身份，因此这些园林在设计的主导思想上与官僚地主的园林有了些不同。最特出的地方，便是一味追求豪华，借以炫富有，榜风雅。在清康熙、乾隆时代，正如上述所说的还期望能得到皇帝的"御赏"，以达到升官发财的目的，若干处还摹拟一些皇家园林的手法。因此在园林的总面貌上，建筑物的尺度、材料的品类，都从高敞华丽方面追求。即以楼厅面阔而论，有多至七间的；其他楼层复道，巨峰名石，以及分峰用石的四季假山（个园、八咏园），和积土累石的"斗鸡台"（壶园有此）。更因多数富商为安徽徽州府属人，间有模拟皖南山水者。建筑用的木材，佳者选用楠木，楼层铺方砖。地面除鹅石的"花街"外，院中有用大理石的。至于装修陈设的华丽等，都是反映了园主除享受所谓"诗情画意"的山水景色意图与炫耀其腐朽的生活方式外，还有为招待较多的宾客作为交际场所之意，因此它与苏州园林在同一的设计主导思想下，还多着这一层的原因。这种设计思想在大型的园林如个园、寄啸山庄等最容易见到。扬州的诗文与八怪的画派，在风格上亦比吴门派来得豪放沉厚，这多少给造园带来了一定感染与提高。无疑地要研究扬州园林，必须先弄清这些园主当时的物质力量与精神需要，根据主客观愿望，决定了其设计的要求与主导思想，因而影响了园林的意境与风格。

　　自然环境与材料的不同，对园林的风格是有一定影响的。扬州地势平坦，土壤干湿得宜，气候及雨量亦适中，兼有南北两地的长处。所以花木易于滋长，而芍药、牡丹尤为茂盛。这对豪华的园林来说，是最有利的条件。叠山所用的石材，又多利用盐船回载，近则取自江浙的镇江、高资、句容、苏州、宜兴、吴兴、武康等地，远则运自皖赣的徽州府属，宣城、灵璧、河口等处，更有少量奇峰异石罗致自西南诸省的，因此石材的品种要比苏州所用为多。

中国园林的建造，总是利用"因地制宜"的原则，尤其在水网与山陵地带。可是扬州属江淮平原，水位不太高，土地亦坦旷，因此在规划园林时，与苏杭一带利用天然地形与景色就有所不同了。大型园林多数中部为池，厅堂又为一园的主体，两者必相配合。池旁筑山，点缀亭阁，周联复道，以花墙山石、树木为园林的间隔，造成有层次、富变化的景色。这可以个园、寄啸山庄为代表。中小型园林则倚墙叠山石，下辟水池，适当地辅以游廊水榭，结构比较紧凑。片石山房、小盘谷都按这个原则配置。庭院还是根据住宅余地面积的多寡，或院落的大小，安排少许假山立峰，旁凿小鱼池，筑水榭，或布置牡丹台、芍药圃，内容并不求多，便能给人以一种明净宜人的感觉。蔚圃与杨氏小筑即为其例。而逸圃却又利用狭长曲尺形隙地，构成了平面布局变化较多的一个突出的例子。总的说来，扬州园林在平面布局上较为平整，以动观与静观相结合。然其妙处在于立体交通，与多层观赏线，如复道廊、楼、阁以及假山的窦穴、洞曲、山房、石室，皆能上下构通，自然变化多端了。但就水面与山石、建筑相互发挥作用来说，未能做到十分交融；驳岸多数似较平直，少曲折湾环；石矶、石濑等几乎不见，则是美中不足的地方。但从片石山房、小盘谷及逸圃、个园秋云山麓来看，则尚多佳处。又有"旱园水做"的办法，如广陵路清道光间建的员姓"二分明月楼"（钱泳书额），将园的地面压低，其中四面厅则筑于较高的黄石基上，望之宛如置于岛上，园虽无水，而水自在意中。嘉定县秋霞圃后部似亦有此意图，但未及扬州园林明显。我们聪明的匠师能在这种自然条件较为苛刻的情况下，达到中国艺术上的"意到笔不到"的表现方法是可贵的。扬州园林中的水面置桥，有梁式桥与步石两种，在处理方法上，梁式多数为曲桥，其佳例要推片石山房的利用石梁而作飞梁形，古朴浑成，富有山林的气氛；步石则以小盘谷所采用的最为妥帖。这些曲桥总因水位过低，有时转折太僵硬，而缺少自然凌波的感觉。这对园林桥来说，在建造时是应设法避免的。片石山房的用飞梁形式，即弥补了这些缺陷，而另辟蹊径了。

扬州园林素以"叠石胜"，在技术上，过去有很高的评价。因此今日所存的假山，多数以石为主，仅已损毁的秦氏小盘谷似由土石间用。因为扬州不产石，石料运自他地，来料较小，峰峦多用小石包镶，根据石形、石色、石纹、石理、石性等凑合成整体，中以条石（亦有用砖为骨架，早例推泰州乔园明构假山）铁器支挑，加固嵌填后浑然成章；即使水池驳岸亦运用这办法。这样做人工花费很大，且日久石脱堕地，破坏原形，即有极佳的作品，亦难长久保存。虽然如此，扬州叠山确有其独特的成就，其突出作品以雄伟论，当推个园。个园的黄石山高约九米，湖石山高约六米，因规模宏大，难免有不够周到的地方，但仍不失为上乘之作。以苍石奇峭论，要算片石山房了；而小盘谷的曲折委婉，逸圃的婀娜多姿，都是佳构。棣园的洞曲、中垂钟乳，为扬州园林罕见。其他寄啸山庄的石壁磴道，亦是较好的例子。在扬州园林的假山中，最为突出的是壁岩，其手法的自然逼真，用材的节省，空间的利用，似在苏州之上，实得力于包镶之法。片石山房、小盘谷、寄啸山庄、逸圃、余园等皆有妙作，颇疑此法明末自扬州开始。乾嘉间董道士、戈裕良等人继承了计成、石涛诸人的遗规，并在此基础上得到更大的发展。总之，这些假山，在不同程度上，达到异形之山用不同之石，体现了石涛所谓"峰与皴合，皴自峰生"的画理。以高峻雄厚，与苏州的明秀平远互相颉颃，南北各抒所长。至于分峰用石及多石并用，亦兼补一种石材难以罗致之弊，而以权宜之计另出新腔了。堆叠之法一般皆与苏南相同。其佳者总循"水随山转，山因水活"原则灵活应用。胶合材料，明代用石灰加细砂和糯米汁，凝结后有时略带红色，常用之于黄石山；清代的颜色发白，也有其中加草灰的，适宜用于湖石山。片石山房用的便是后者。好的嵌缝是运用阴嵌的办法，即见缝不见灰，用于黄石山能显出其壁石凹凸多态，仿佛自然裂纹；湖石山采用此法，顿觉浑然一体了。不过像这样的水平，在全国范围内也较罕见。

在墙壁的处理上，现存的园林因为多数集中于城区，且是住宅的一部分，所以四周是磨砖砌的高墙，配合了砖刻门楼，外观很是修整平直。不过园林外墙上都加瓦花窗，墙面做工格外精细。它与苏南园林给人以简陋的园外感觉不同（苏南园林皆地主官僚所有），是炫富斗财的方法之一。内墙与外墙相同，凡在需增加反射效果或需花影月色的地方，酌情粉白。园既围以高墙，当然无法眺望园外景色，除个园登黄石山可"借景"

城北景物外，余则利用园内的对景，来增加园景的变化。寄啸山庄的什锦空窗所构成的景色，真是宛如图画，其住宅与园林部分均利用空窗达到互相"借景"的效果。个园桂花厅前的月门亦收到引人入胜的作用。再从窗棂中所构成的景色，又有移步换影的感觉。在对比手法方面，基本与苏南园林相同，多数以建筑物与墙面山石作对比，运用了开朗、收敛、虚实、高下、远近、深浅、大小、疏密等手法，以小盘谷在这方面运用得最好。寄啸山庄能从大处着眼，予人以完整醒目的感觉。

扬州园林在建筑方面最显著的特色，便是利用楼层。大型园林固然如此，小型如二分明月楼，也还用了七间的长楼。花厅的体形往往较大，复道的延伸又连续不断，因此虽安排了一些小轩水榭，适与此高大的建筑起了对比作用。它与苏州园林的"婉约轻盈"相较，颇有用铜琶铁板唱"大江东去"的气概。寄啸山庄循复道廊可绕园一周，个园盛兴时，情况亦差不多。至于借山登阁，穿洞入穴，上下纵横，游者往往至此迷途，此与苏州园林在平面上的"柳暗花明"境界，有异曲同工之妙，不能单以平面略为平整而判其高下。

扬州园林建筑物的外观，介于南北之间，而结构与细部的做法，亦兼抒二者之长。就单体建筑而论，台基早期用青石，后期用白石，踏跺用天然山石随意点缀，很觉自然。柱础有北方的"古镜"形式，同时也有南方的"石鼓"形式，柱则较为粗挺，其比例又介于南北二者之间。窗则多数用和合窗，栏杆亦较肥健，屋角起翘，虽大都用"嫩戗发戗"（由屋角的角梁前端竖立的一根小角梁来起翘），但比苏南来得低平。屋脊则用通花脊，比苏南的厚重。漏窗、地穴（门洞）工细挺拔，图案形式变化多端，轮廓完整，与苏南柔和细腻的不同。门额都用大理石或高资石，而少用砖刻，此又是与苏州显然不同的。建筑的细部手法简洁工整，在线脚与转角的地方，略具曲折，虽然总的看来比较直率，但刚中有柔，颇耐寻味。色彩方面，木料皆用本色，外墙不粉白，此固然由于当地气候比较干燥的缘故，但也多少存有以原材精工取胜的意图。其内部梁架皆圆料直材，制作得十分工致完整，间亦有用圌作的。翻轩（建筑物前部的卷棚）尤力求豪华，因为它处于显著的地位，所以格外突出一些。内部以方砖铺地，其间隔有罩与槅扇，材料有紫檀、红木、楠木、银杏、黄杨等，亦有雕漆嵌螺甸与嵌宝的，或施纱隔的。室内家具陈设及屏联的制作，亦同样讲究。海梅（红木）所制的家具，与苏、广两地不同，手法和其他艺术一样，富有扬州"雅健"的风格。（参看住宅部分）

　　建筑物在园林中的布置，在今日扬州所有的类型并不多，仅厅堂、楼、阁、亭、榭、舫、复道廊、游廊等，其组合似较苏南园林来得规则。楼常位于园的尽端最突出处，厅往往为一园之主体，有些厅加楼后，形成楼厅就必建在尽端了。其他的舫榭临水，轩阁依山，亭有映水与踞山的不同处理。如因地形的限制，则建筑物可做一半，如半楼、半阁、半亭等。虽仅数例，亦发挥了随宜安排的原则，以及同中求异，异中见其规律的灵活善变的应用。廊亦同样不出这些原则和方法，不过以环形路线为主，间有用作分隔的；形式有游廊、叠落廊、复廊、复道廊等。厅堂据《扬州画舫录》所载，名目颇多，处理别出心裁。今日常见的有四面厅、硬山厅、楼厅等。梁架多"回顶鳌壳"式（卷棚式的建筑，在屋顶部仍做成脊）。在材料方面，楠木与柏木厅最为名贵，前者为数尚多，后者今日已少见。园林铺地，大部分用鹅子石花街，间有用冰裂纹石的。在建筑处理上值得注意的，便是内部的曲折多变，其间利用套房、楼、廊、小院、假山、石室等的组合，造成"迷境"的感觉，这在现存的逸圃尚能见到，此亦扬州园林重要特征之一。

花木的栽植是园林中重要的组织部分。各地花木有其地方特色，因此反映在园林中亦有不同的风格。扬州花木因风土地理的关系，同一品种，其姿态容颜，也与南北两地有异。一般说来，枝干花朵比较硕秀。在树木的配置上，以松、柏、栝、榆、枫、槐、银杏、女贞、梧桐、黄杨等为习见。苏南后期园林中，杨柳几乎绝迹，然在扬州园林中却常能见到，且更具有强烈的地方色彩。因为此地的杨柳，在外形上高劲，枝条疏修，颇多画意，下部的体形也不大，植于园中没有不调和的感觉。梧桐在扬州生长甚速，碧干笼阴，不论在园林或庭院中，都给人以清雅凉爽之感，与柳色分占夏、春二季的风光。花树有桂、海棠、玉兰、山茶、石榴、紫藤、梅、腊梅、碧桃、木香、蔷薇、月季、杜鹃等。在厅轩堂前，多用桂、海棠、玉兰、紫薇诸品。其他如亭畔、榭旁的枫榆等，则因地位的需要而栽植。乔木、花树与建筑相衬托，在扬州园林中，前者作遮阴之用，后者贵在供观赏之需，姿态与色香还是占着选择的最重要标准。在假山间，为了衬托山容苍古，酌植松柏，水边配置少许垂杨。至于芭蕉、竹、天竹等，不论用来点缀小院，补白大园，或在曲廊转处、墙阴檐角，或与腊梅、丛菊等组合，都能入画。书带草不论在山石边，树木根旁，以及阶前路旁，均给人以四季常青的好感，冬季初雪匀披，粉白若球。它与石隙中的秋海棠，都是园林绿化中不可缺少的小点缀。至于以书带草增假山生趣，或掩饰假山堆叠的疵病处，真有山水画中点苔的妙处。芍药、牡丹更是家栽户植。《芍药谱》(《能改斋漫录》十五"芍药"条引孔武仲《芍药谱》)载："扬州芍药，名于天下，非特以多为夸也。其敷腴盛大而纤丽巧密，皆他州所不及。"李白诗(《送孟浩然之广陵》)"烟花三月下扬州"，可以想见其盛况，因此花坛、药阑便在园林中占有显著的地位。其形式有以假山石叠的自然式，有用砖与白石砌的图案式，形状很多，皆匠心独运。春时繁花似锦，风光宛如洛城。树木的配合，仍运用了孤植与群植的两种基本方法。群植中有用同一品种的，亦有用混合的树群布置，主要的还是从园林的大小与造景的意图出发。如小园宜孤植，但树的姿态须加选择；大园多群植，亦须注意假山的形态，地形的高低大小，做到有分有合，有密有疏。若假山不高，主要山顶便不可植树；为了衬托出山势的苍郁与高峻，树非植于山阴略低之处不可，使峰出树梢之间，自然饶有山林之意了。此理不独植树如此，建亭亦然，而亭与树、山的关系，必高下远近得宜才是。山麓水边有用横线条卧松临水的，亦为求得画面统一的好办法。山间垂藤萝，水面点荷花，亦皆以少出之，使意到景生即可。至于园内因日照关系有阴阳面的不同，在考虑种树时应注意其适应性，如山茶、桂、松、柏等皆宜植阴处，补竹则处处均能增加生意。

扬州盆景刚劲坚挺，能耐风霜，与苏、杭不同。园艺家的剪扎工夫甚深，称之为"疙瘩"、"云片"及"弯"等，都是说明剪扎所成的各种姿态特征的。这些都非短期内可以培养成。松、柏、黄杨、菊花、山茶、杜鹃、梅、玳玳、茉莉、金橘、兰、蕙等都是盆景的好主题。又有山水盆景，分旱盆、水盆两种，咫尺山林，亦多别出心裁。棕碗菖蒲，根不着土，以水滋养，终年青葱，为他处所不常见。它如艺菊，扬州花匠师对此有独到之技。以这些来点缀园林，当然锦上添花了。园林山石间因乔木森严，不宜栽花，就要运用盆景来点缀。这种办法从宋代起即运用了，不但地面如此，即池中的荷花，亦莫不用盆荷入池，因此谈中国园林的绿化，不能不考虑盆景。

按，扬州画派的作品，以花卉为多。摹写对象当然为习见的园林花木，经画家们的挥洒点染，都成了佳作，则扬州园林中的花木其影响可见。反之，画家对园林花木批红判白，以及剪裁、配置、构图等，对花木匠师亦起了一定的启发与促进。扬州产金鱼；天然禽鸟兼有南北品种，且善培养笼鸟，这些对园林都有所增色。

总之，造园有法而无式，变化万千，新意层出，园因景胜，景因园异，其妙处在于"因地制宜"与相互"借景"，所谓"妙在因借"，做到得体（"精在体宜"），始能别具一格。扬州园林综合了南北的特色，自成一格，雄伟中寓明秀，得雅健之致，借用文学上的一句话来说，真所谓"健笔写柔情"了。而堂庑廊亭的高敞挺拔，假山的沉厚苍古，花墙的玲珑透漏，更是别处所不及。至于树木的硕秀，花草的华滋，则又受自然条件的影响与经匠师们的加工而形成。假山的堆叠，广泛地应用了多种石类。以小石拼镶的技术，以及分峰用石、旱园水做等因材致用、因地制宜的手法，对今日造园都有一定的借鉴作用。唯若干水池似少变化，未能发挥水在园林中的弥漫之意，未能构成与山石建筑物等相互成趣的高度境界。一般庭院中，亦能栽花种竹，荫以乔木，配合花树，或架紫藤，罗置盆景片石，安排一些小景。这些都丰富了当时城市居民的文化生活，同时集腋成裘，又扩大了城市绿化的面积，是当地至今还相沿的一种传统。

住　宅

卢宅在康山街。清光绪间盐商江西卢绍绪所建，造价为纹银七万两，是今存扬州最大的住宅建筑。大门用水磨砖刻门楼，配以大照壁。入门北向为倒座（与南向正屋相对的房屋），经二门有厅二进，皆面阔七间，以当中三间为主厅，其旁二间为会客读书之处，内部用罩（用木制漏空花纹做成的分隔）及槅扇（落地长窗）间隔，院中以大漏窗与两旁的小院区分。小院中置湖石花台，配以树木，形成幽静的空间，与中部畅达的大厅不同，再入为楼厅二进，面阔亦七间，系主人居住之处。厅后两进面阔易为五间，系亲友临时留居的地方。东为厨房，今毁。宅后有园名"意园"。池在园东北，濒池建书斋及藏书楼二进，自成一区。池东原有旱船，今亦废。园南依墙建盔顶亭，有游廊导向北部。余地栽植乔木，以桂为主。这宅用材精选湖广杉木，皆不髹饰。装修皆用楠木，雕刻工细。虽建筑年代较迟，然屋宇高敞，规模宏大，是后期盐商所建豪华住宅的代表。

汪氏小苑（盐商汪伯屏宅）在地官第，民国间扩建，为今存扬州大住宅中最完整的一处。它分三路，各三进。东西花厅布置各别，东花厅入口用竹丝门，甚古朴。厅用柏木建造，内部置罩及槅扇。槅扇上嵌大理石，皆雕刻精工，作前后分隔之用。其南有倒座三间。院中置湖石山，有檐瀑，栽腊梅、琼花。东有门，入内仅一小小余地，所谓明有实无，以达扩大空间的目的。西花厅以月门与小院相隔。院内有假山一丘，面东置船轩，缀以游廊，下凿小池，轩下砌砖台，可置盆景，映水成趣。自厅中穿月门以望院中，花木扶疏，山石参差，宛如画图。宅北后园列东西两部，间以花墙月门，西部北建花厅六间，用罩分隔为二。厅西有书斋三间，缀五色玻璃，其前有廊横陈，两者之间植紫薇两株，亭亭如盖，依稀掩映，内外相望有不尽之意。厅南叠假山为牡丹台。西部亦筑花台，似甚平淡。两部运用花墙间隔，人们的视线穿过漏窗月门望隔园景色，深幽清灵，发挥了很大的"借景"作用。这处当以住宅建筑占主要部分，而园则相辅而已，因面积不大，所以题为"小苑春深"。

赞化宫赵宅（布商赵海山宅），厅堂三进南向，门屋及厨房等附属建筑，皆建于墙外，花园亦与住宅以高墙隔离；但亦可由门屋直接入园，避免与住宅相互干扰。在建筑平面的分隔上来说，很是明晰。花园前部东向有书斋三间，以曲廊与后部分隔，后有宽敞的花厅两进，与住宅的规模很相称。

魏宅（盐商魏次庚宅）在永胜街，属中型住宅，大门西向，总体为不规则的平面。因此将东首划出长方形的地带作为住宅，西首不规则的余地辟为园林，主次很是鲜明。住宅连倒座计四进，皆面阔五间。它的布置特点：厅为三间带两厢，旁皆配套房小院，在当时作为居住之用。这类套房，处理得很是恰当，它与起居部分，实联而似分，互不干扰。尤其小院，不论在采光通风与扩大室内外空间上，皆得到较好效果。园前狭后宽，前部邻大门处有杂屋，后部划分作前后二区，前区筑四面厅名"吹台"，郑板桥书额为"歌吹古扬州"，配以山石、玉兰、青桐，面对东南角建有小阁。后区为前区的陪衬，又东西划为二部分，东部置旱船，旁辅小阁，花墙下叠黄石山，栽天竹、黄杨，穿花墙外望，景色隐约。这园虽小，而置二大建筑物，尚能宽绰有余，是利用花墙划分得宜、互相得以因借之法，使空间层次增加，也是宅旁余地设计的一种方法。

仁丰里刘宅，宅不大，门东向。入内沿门屋筑西向屋一排，前有高墙，天井作狭长形，可避夏季炎阳与冬季烈风；而夏季因墙高地狭。门牖爽通，反觉受风较多。墙内南向厅三进，而末进除置套房外，更增密室（套房内的套房）。厅旁有花墙，过月门，内有花厅，置山石花木。整个建筑设计是灵活运用东向基地的一个例子。

大武城巷贾宅，清光绪间盐商贾颂平所有。大门东向，厅计二路，皆南向而建。而东部诸厅设计尤妙，每一厅皆有庭院，有栽花植竹为花坛，有凿池叠石为小景，再环以游廊，映以疏棂，多清新之意。宅西偏原有园林，今废。

仁丰里辛园，为周挹扶宅，大门东向。入内筑西向房屋一排，为扬州东向基地的惯用手法。南向的厅与东西两廊及倒座构成四合院。厅西花厅入口处建一半亭，对面为书斋，厅南以花墙间隔。其外尺余空地留作虚景，老桂树超出花墙之上，秋时满院飘香，人临其境，便体会到一种天香院落的境界（桂树必周以墙，香不散）。厅后西通月门，有额名"辛园"。园内中凿鱼池，有曲桥，旁建小亭。花厅装修以银杏木本色制成，未髹漆更是雅洁。厅前以白石拼合铺地，很是平整。此宅居住部分小，绿化范围大，平面上的变化比较多，是过去宅主在扩建中逐步形成的。

石牌楼黄氏汉庐，清道光间为金石书画家吴熙载的故居。大门北向，入门有院，其西首的"火巷"可达南向的四合院。院以正屋与侧座相对而建，院子作横长形，石版墁地。此为北向住宅的一例。

甘泉路匏庐，民国初年资本家卢殿虎建。门西向，入内南向筑大厅，其南端为花厅。厅北以黄石叠花坛。厅南以湖石叠山，殊葱郁，山右构水轩，蕉影拂窗，明静映水。极西门外，北端又有黄石一丘。越门可绕至厅后。宅的东部，有一片曲尺形地，以游廊花墙通贯。小池东南隅筑方亭，隔池尽端筑小轩三间，皆随廊可达，面积虽小，尚觉委婉紧凑。此宅是利用西门南向及不规则余地设计的一例。

丁家湾某宅，是扬州运用总门的住宅。总门内东西各有二宅，东宅有三合院，天井中以花墙分隔，形成前后两部分，而房屋面阔皆作两间，处理很灵活。西宅正屋二进皆三合院，面阔作三间，二进的三合院排列又非一致。此类住宅有因地制宜，分隔自由的好处。

　　牛背井二号某宅，为最小住宅的一例。南向，入门仅厅三间，由厢房倒座构成一个四合院。外附厨房。这种平面布局是扬州住宅的基本单元了。

　　扬州城由平行的新旧二城组合成今日的城区。运河绕城，小秦淮自北门流入，为新旧二城的分界。旧城南北又以汶河贯串，所以河道都是南北平行的。由于河道平直，道路及建筑物可以得到较规则的布局。其间主要干道为通东西南北的十字大街，与大街垂直的便是坊巷。这一点在旧城更为突出。巷名称头巷、二巷……九巷，和北京的头条胡同、二条胡同相似。新城因后期富商官僚的大住宅与若干商业建筑的发展，布局比旧城零乱，颇受江南城市风格的影响。新城的湾子街就不是垂直线，好像北京的斜街，是一条交通捷径。在这许多街道中，掺杂了不少小巷，有的还是"死胡同"，因此看来似乎复杂，其实仍旧井然有条，脉络自存。过去大的巷口还建有拱门，当地称为"圈门"。它是南北街坊布置的介体，兼有南北城市街坊布置的特征。

　　住宅是按街巷的朝向布置，处理上大体符合"因地制宜"的要求，较为灵活，而内部尤曲折多变。住宅主要位于通东西坊巷中，因此都能取得正南的朝向，或北门南向。通南北的坊巷中，亦有许多住宅，不过为数较少。因为要利用正南或偏南的朝向，于是产生了东门南向，或西门南向的住宅。又运用总门的办法，将若干中小型不同平面的住宅，利用一个总门，非常灵活地组合成一个整体。这样在坊巷中，它的外貌仍旧十分整齐，而内部却有许多变化，这是大中藏小，集零成整的巧办法。在封建社会，不但能满足了聚族而居的生活方式和封建家族的治安防卫，并且在市容整齐等方面，也相应地带来了一定的好处。

扬州城区，今日尚存有较多的大中型住宅。这些住宅的特点，是都配合着大小不等的园林和庭院，使居住区中包括了充裕的绿化地带，形成了安适的居住环境。

住宅平面一般是采用院落式，以面阔三间的厅堂为主体，更有面阔到五间的，即《工段营造录》所谓："如五间则两梢间设槅子或飞罩，今谓明三暗五。"也有四间、两间的，皆按地基面积而定。虽然也有面阔七间的，其实仍以三间为主，左右各加两间客厅，如康山街卢宅的厅堂。大中型住宅旁设弄，名"火巷"，是女眷"仆从"出入之处。如大型住宅有两路以上的"火巷"，又为宅内主要交通道。扬州的"火巷"比苏州"避弄"（俗称"备弄"，今据明代文震亨著《长物志》卷一）开朗修直，给居住者以明洁坦直的感觉，尤其以紫气东来巷龚姓沧州别墅的"火巷"最为广阔，当时可乘轿出入。厅堂除一进不连庑的"老人头"外，尚有两面连庑的"曲尺房"（由两面建筑物相连，平面形成曲尺形），三面连庑的"三间两厢"（厅堂左右加厢的三合院），以及"四合头"（四合院）、"对合头"（两厅相对又称对照厅）等。但是"三间两厢"及"四合头"作走马楼的称"串楼"。厅堂的排列程序，前为大厅，后为内厅（女厅），即所谓"上房"（主人所住的地方），多作三间，《工段营造录》称"两房一堂"（两间房一间起居室）。旁边大都置套房，还有再加密室的，如仁丰里刘宅还能见到。厅旁建圭形门、长八方形门，或月门通花厅或书房。墙外附厨房杂屋及"下房"（仆从居住），使与主人的生活部分隔离，充分反映了封建社会的阶级差别。套房与密室数目的多少，要看建屋需要的曲折程度而定，越曲折则套房、密室越多。《工段营造录》："……三间居多，五间则藏东西梢间于房中，谓之套房，即古密室、复室、连室、闺房之属。"在这类套房前面，皆设小院，置花坛，夏日清风徐来，凉爽宜人，入冬则朔风不到，温暖适居。在封闭性的扬州住宅中，采用这种办法还是切合当时实际的。书房小者一间、两间，大者兼作花厅，一般都是三间。其前必叠石凿池，点缀花木修竹；或置花坛、药阑等，形成一种极清静的环境。在东门南向或西门南向的住宅，门屋旁的房屋，则属账房、书塾及杂屋等次要房屋。这些屋前的天井狭长，仅避日照兼起通风的作用。大门北向的住宅，则以"火巷"为通道，导至前部进入南向的主屋。

扬州住宅的外观，在中型以上的住宅，都按居住者的地位设照壁。大者用八字照壁，次者一字照壁，最次者在对户他宅的墙上，用壁面隐出方形照壁的形状。华丽的照壁，贴水磨面砖，雕刻花纹，正中嵌"福"字，像个园大门上的，制作精美。外墙以清水砖砌叠，讲究的用磨砖对缝做法。门楼用砖砌，加砖刻。最华丽的作八字形，复加斗栱藻井，如东圈门壶园大门即是。一般亦有用平整的磨砖贴面，简洁明快。按，扬州以八刻著世（砖刻、牙刻、木刻、石刻、竹刻、漆刻、玉刻、磁刻），砖刻为其中之一。大门髹黑漆，刊红门对，下有门枕石。

石刻丰富多彩，大小按居住者地位而定。屋顶皆作两坡顶，屋脊较高，用漏空脊（屋脊以瓦叠成空花形），与高低叠落的山墙相衬托。有时在外墙顶开一排瓦花窗，可隐约透出院中树梢与藤萝，自然形成一种整齐而又清新的外貌，给巷景增加了生趣。

入大门，迎面为砖刻土地堂，倚壁而建，外形与真实建筑相似。它的雕刻和大门门楼的形式相协调，是内照壁中最令人注目的。虽同时想起一定的装饰作用，但总是封建迷信的产物，理应扬弃。门屋院内以砖或石墁地。二门与大门的形制相类似。厅堂高敞轩豁，一般用质量很高的本色杉木，而大住宅的厅堂又有用楠木、柏木，《工段营造录》载有用桫椤的。木材加工有外施水磨的，更是柔和圆润了。这种存素去华的大木构架，与清水砖墙的格调一致。厅堂外檐施翻轩，明间用槅扇，次间和厢房用和合窗。后期的建筑，则有改用槛窗的。在内厅与花厅，明间的槅扇只居中用两扇，两旁仍旧用和合窗。楼厅的槛窗，如槛墙改用栏杆，则内装活动的木榻板，在炎热季节可以卸除，以便通风。在分隔上，内院往往以花墙来区分，用地穴（门洞）贯通。地穴有门可开启。

院落的大小与建筑物高度的比例，一般为一比一，在扬州地区能有充分的日照。夏日上加凉棚，前后门牖洞开，清风自引。从地穴中来的兜风，更是凉爽。到冬季，将地穴门关闭，阳光满阶，不觉有严寒的袭人。这些花墙与重重的门户，增加了庭院空间感与深度，有小宅不见其狭，大宅不觉其旷的好处。这在解决功能的前题下，又扩大了艺术效果。大厅的院子用横长形，有的配上两厢或两廊，使主体突出。内厅都带两厢，院子形成方形，房屋进深一般比苏南浅，北面甚至有不设窗牖的。这因夏季较凉爽，冬季在室内需要较多日照的原故。

室内的空间处理，主要希望达到有分有合，曲折有度，使用灵活，人处其间觉含蓄不尽的设计意图。因此在花厅中，必用罩或槅扇，划成似分非分、可大可小的空间，既有主次，又有变化。如仁丰里辛园、地官第小苑皆可见到。厅室前面的翻轩，在进深较大的建筑中，有用两卷（两个翻轩）的，如康山街卢宅。内室与套房有主副之别，似合又分。内室往往连厢房，而以罩或槅扇分间。罩以圆光罩（罩作圆形的）为多，有的还施纱槅（罩的花纹中夹纱），雕刻多数精美。书房中亦可自由划分，应用上均较灵活。厅堂皆露明造（不用天花），亦不施草架（用两层屋顶）。居住房屋有酌用天花的。花厅内部亦有作轩顶（卷棚）。房屋内都墁方砖，砖下四角置复钵的"空铺"法（见《长物志》卷一），垫黄沙，磨砖对缝，既平且无潮湿之患。卧室内冬天上置木地屏（方形木制装脚的活动地板）以保暖，同时亦减低了室内空间的净高。有些质量高的楼厅，两层亦墁砖，更有再加上地屏的，能使履步无声，与明代《长物志》卷一上所说"与平屋无异"的办法相符合。这些当然只会在高级的住宅中出现，一般近期的住宅，则皆用地板了。

内外墙都用砖实砌，在质量高的住宅中用清水砖，经济的住宅则用灰泥拼砌大小不等的杂砖，外表也很整齐，在外墙的转角，当一人高的地位，为了便利交通，用抹角砌。廊壁部分刷白，内壁用木护壁，其余仍保存砖的本色。天井铺地，通常用砖石铺。砖铺有方砖、条砖平铺，及条砖仄铺的。石铺则用石板与冰裂纹铺，更有用大方块大理石、高资石拼铺的。柱础用"古镜"式。在明代及清代早期的建筑中，还沿用了"硕"形石础。大住宅皆用"石鼓"，或再置垫"复盆"础石，取材用高资石，兼有用大理石的。

柱都为直径。明代住宅的柱顶，尚存"卷杀"（曲线）的手法，比例肥硕，柱径与柱高的比例约为一比九，如大东门毛宅大厅的。现在一般见到的比例在一比十至一比十六之间。柱的排列，与《工段营造录》所说"厅堂无中柱，住屋有中柱"一致。大厅明间有用通长额枋，而减去平柱两根，此为便利观剧，不阻碍视线。梁架做法可分为三种：一是苏南的扁作做法；二是圆料直材，在扬州最为普遍；三是介于直梁与月梁（略作弯形的梁）间的介体，将直梁的两端略作"卷杀"，下刻弧线，看来似受徽式建筑的影响。这三种做法中，以第二种足以代表扬州的风格。尚有北河下吴宅，建筑系出宁波匠师之手，应当是孤例了。圆料的梁架，用材挺健，而接头处的卯榫，砍杀尤精，很是准确。一般厅堂，主要梁架在前后柱间施五架梁，上置蜀柱，再安三架梁与脊瓜柱，不过檩下不施枋及垫板，与《工段营造录》所示不符，当为苏北地方做法。从结构上来说，似有不够周到的地方。花厅有用六架卷棚的，其山墙作圆形叠落式。豪华的厅堂，有改为方柱方梁的，系《工段营造录》所谓方厅之制。翻轩一般为海棠轩（椽子弯作海棠形），或菱角轩（椽子弯作菱角状），但多变例。此外鹤胫轩（椽子弯如鹤胫）也有见到，总的以船篷轩为多，草架只偶有用在翻轩之上。

栏杆的比例一般较高，花纹常用拐子纹，四周起凸形线脚。

檐下挂落也很简洁，都与整个建筑物立面保持协调。屋顶在望砖上瓯瓦。其瓦饰如勾头、滴水等，勾头的下部较长，滴水的上部加高，形式渐趋厚重。

扬州城区住宅的给水问题，除小秦淮与汶河一带有河水可应用外，住宅内皆有水井，少者一口，多者几口。其地位有在院子中、厨房前、园中或"火巷"内，更有掘在屋内的暗井（无井栏）。坊巷中的公共用井随处可见。凡在井的边墙，必砌发券（杭绍一带用竖立石板），以免墙身下陷，也是它处所罕见的。井水除洗涤及供作饮料外，必要时还可作消防用水。此外，住宅内还置有积储檐漏供食用的天落水缸，与供消防用的储水缸并备。每宅院子中有窨井，在大门外有总的下水道。至于池中置鱼缸，则供金鱼栖息度冬用。

住宅中庭院绿化，可参看园林部分。

扬州住宅建筑，在外观上是修整挺健的，对城市面貌起到一定的影响。这许多井然有序的居住区，在我国旧城市中还是较少有的。它的优点是明洁宁静，大中寓小，分合自如。在空间处理上，注意到院落分隔与宽狭的组合，以及日照与通风的合理解决办法。建筑物不论大小，都配置恰当，比例匀整，用地面积亦称经济，达到居之者适、观之者畅的目的。在平面处理上，能"因地制宜"，巧于安排。不论何种朝向的地形，皆能得到南向；不论何种大小的地形，皆能有较好的空间组合与解决了功能上的需要。而建筑手法，介于南北二地之间，以工整见长。这些都是扬州住宅的特征。无疑地，扬州住宅是封建社会商业城市的产物，在设计的主意与功能上，是从满足当时宅主的需要出发的，有它很大的阶级局限性，如封闭性的高墙，大型住宅中力求豪华的装修，以及过多的厅堂与辅助建筑占用了实际住房的面积等，这些设计方法都是今日应该扬弃的。扬州的园林与住宅，在我国建筑史上有其重要的价值，也是研究扬州经济与文化发展及统治阶级官僚富商对劳动人民残酷剥削史的重要资料，尤其对古代劳动人民在园林建筑方面的成就，以及如何鉴别其精华和糟粕，如何供社会主义园林建筑借鉴等问题，今后我们更有继续研究和探讨的必要。本文目的在于介绍扬州园林与住宅的概况，供有关方面参考。①

一九六一年八月初稿，
载一九七八年《社会科学战线》第三期；
一九七七年十一月修订

---

① 《魏源集》中有记扬州园林盛衰之诗。《扬州画舫曲十三首》之一云："旧日鱼龙识翠华，池边下鹄树藏鸦。离宫卅六荒凉尽，不是僧房不见花。"（凡名园皆为园丁拆卖，惟属僧管之桃华庵、小金山、平山堂三处，至今尚存。）《江南吟》注云："平山堂行宫属园丁者，皆拆卖无存，惟僧管三处如故。"故有"岂独平山僧庵胜园隶"句。魏氏于清道光十五年（公元一八八五年）构园于扬州新城仓巷，整石栽花，养鱼饲鹤，名曰絜园。其时尚在太平天国革命战争之前。

瘦西湖漫谈

扬州瘦西湖由几条河流组织成一个狭长的水面，其中点缀一些岛屿，夹岸柳色，柔条千缕。在最阔的湖面上，五亭桥及白塔突出水面，如北海的琼华岛与西湖的保俶塔一样，成为瘦西湖的特征。白塔在形式上与北海相仿佛，然比例秀匀，玉立亭亭，晴云临水，有别于北海白塔的厚重工稳。从钓鱼台两圆拱门远眺，白塔与五亭桥正分别逗入两园门中，构成了极空灵的一幅画图。每一个到过瘦西湖的，在有意无意之中见到这种情景，感到有但可意味不可言传的妙境。这种手法，在园林建筑上称为"借景"，是我国造园艺术上最优秀巧妙手法之一。湖中最大一岛名小金山，它是仿镇山、金山而堆，却冠以一"小"字，此亦正如西湖之上加一"瘦"字、城内的秦淮河加一"小"字一样，都是以极玲珑婉约的字面来点出景物。因此我说瘦西湖如盆景一样，虽小却予人以"小中见大"的感觉。

瘦西湖四周无高山，仅其西北有平山堂与观音山，亦非峻拔凌云，唯略具山势而已，因此过去皆沿湖筑园。我们从清代乾隆南巡盛典赵之壁《平山堂图》、李斗《扬州画舫录》及骆在田《扬州名胜图》等来看，可以见到清代乾隆、嘉庆二代瘦西湖最盛时期的景象。楼台亭榭，洞房曲户，一花一石，无不各出新意。这时的布置是以很多的私家园林环绕了瘦西湖，从北门直达平山堂，形成一个有合有分、互相"因借"的风景区。瘦西湖是水游诸园的通道。建筑物类皆一二层，在平面的处理上是曲折多变，如此不但增加了空间感，而且又与低平水面互相呼应，更突出了白塔、五亭桥，遥远地又以平山堂、观音山作"借景"。沿湖建筑特别注意到如何陆水交融，曲岸引流，使陆上有限的面积用水来加以扩大。现在对我们处理瘦西湖的布置上，这些手法想来还有借鉴的必要。至于假山，我觉得应该用平冈小坡形成起伏，用以点缀和破平直的湖面与四野，使大园中的小园，在地形及空间分隔上，都起较多的变化。

　　扬州建筑兼有南北二地之长，既有北方之雄伟，复有南方之秀丽，因此在建筑形式方面，应该发挥其地方风格，不能夸苏式之轻巧，学北方之沉重，正须不轻不重，恰到好处。色泽方面，在雅淡的髹饰上，不妨略点缀少许鲜艳，使烟雨的水面上顿觉清新。旧时虹桥名"红桥"，是围以赤栏的。

　　平山堂是瘦西湖一带最高的据点，堂前可眺望江南山色。有一联将景物概括殆尽："晓起凭栏，六代青山都到眼；晚来对酒，二分明月正当头。"而唐代杜牧的"青山隐隐水迢迢，秋尽江南草未凋"，又是在秋日登山，不期而然诵出来的诗句。此堂远眺，正与隔江山平，故称"平山堂"。"平山"二字，一言将此处景物道破。此山既以望为主，当然要注意其前的建筑物，如果为了远眺江南山色，近俯瘦西湖景物，而在山下大起楼阁，势必与平山堂争宠，最后卒至两难成美。我觉得平山堂下宜以点缀低平建筑，与瘦西湖蜿蜒曲折的湖尾相配合，这样不但烘托了平山堂的高度，同时又不阻碍平山堂的视野。从瘦西湖湖面远远望去，柳色掩映，仿佛一幅仙山楼阁，凭阑处处成图了。

扬州是隋唐古城（旧址在平山堂后），千余年来留下了许多胜迹，经过无数名人的题咏，渐渐地深入了大家的心中。如隋炀帝的迷楼故址，杜牧、姜夔所咏的廿四桥，欧阳修的平山堂，虹桥修禊的倚虹园等，它与瘦西湖的"四桥烟雨"、"白塔晴云"、"春台明月"、"蜀冈晚照"等二十景一样，给瘦西湖招来了无数的游客，平添了无数的佳话。这些古迹与风景点，今后应宜重点突出地来修建整理。它是文学艺术与风景相合形成的结晶，是中国园林高度艺术的表现手法。

扬州旧称"绿杨城郭"，瘦西湖上又有绿杨村，不用说瘦西湖的绿化是应以杨柳为主了。也许从隋炀帝到扬州来后，人们一直抬高了这杨柳的地位，经千年多的沿袭，使扬州环绕了万缕千丝的依依柳色，装点成了一个晴雨皆宜，具有江南风格的淮左名都，这不能不说是成功的。它注意到植物的适应性与形态的优美，在城市绿化上能见功效，对此我们现在还有继承的必要。在瘦西湖的春日，我最爱"长堤春柳"一带，在夏雨笼晴的时分，我又喜看"四桥烟雨"。总之，不论在山际水旁、廊沿亭畔，它都能安排得妥帖宜人，尤其迎风拂面，予人以十分依恋之感。杨柳之外，牡丹、芍药为扬州名花，园林中的牡丹台与芍药阑是最大的特色，而后者更为显著。姜夔词："二十四桥仍在，波心荡冷月无声，念桥边红药，年年知为谁生。"可以想见宋代湖上芍药种植的普遍。至于修竹，在扬州又有悠久的历史，所谓"竹西佳处"。古代画家石涛、郑燮、金农等都曾为竹写照，留下许多佳作。扬州的竹，清秀中带雄健，有其独特风格，与江南的稍异。瘦西湖四周无山，平畴空旷，似应以此遍植，则碧玉摇空与鹅黄拂水，发挥竹与柳的风姿神态，想来不至太无理吧。其他如玉兰芭蕉、天竹腊梅、海棠桃杏等，在瘦西湖皆能生长得很好。它们与前竹、柳在色泽构图上，皆能调和，在季节上，各抒所长，亦有培养之必要。山旁树际的书带草，终年常青，亦为此地特色。湖不广，荷花似应以少为宜，不致占过多水面。平山堂一区应以松林为障，银杏为辅，使高挺入云。今日古城中保存有巨大银杏的，当推扬州为最。今后对原有的大树，在建筑时应尽量地保存，《园冶》说得好："多年树木……让一步可以立根，研数楹不妨封顶。斯谓雕栋飞楹构易，荫槐挺玉成难。"

盆景在扬州一带有其悠久的历史，与江南苏州颉颃久矣。其特色是古拙经久，气魄雄伟，雅健多姿，而无怄怩作态之状；对自然的抵抗力很强，适应性亦大。在剪扎上下了功夫，大盆的松、柏、黄杨，虬枝老干，缀以"云片"繁枝，参差有序，具人工天然之美于一处。其他盆菊、桃桩、梅桩、香橼、文旦桩等，亦各臻其妙。它可说是南北、江浙盆景手法的总和，而又能自出心裁，别成一格，故云之为"扬州风"。

瘦西湖湖面不大，水面狭长曲折。要在这样小的范围中游览欣赏，体会其人工风景区的妙处，在游的方式上，亦经推敲过一番。如疾车走马，片刻即尽，则雨丝风片，烟渚柔波，都无从领略。如易以画舫，从城内小秦淮慢慢地摇荡入湖，这样不但延长了游程，并且自画舫中不同的窗框中窥湖上景物，构成了无数生动的构图，给游者以细细的咀嚼，它和西湖的游艇是有浅斟低酌与饱饮大嚼的不同。王士禛诗说："日午画船桥下过，衣香人影太匆匆。"我想既到瘦西湖去，不妨细细领略一番，何必太匆匆地走马看花呢。

我国古典园林及风景名胜地的联额，是对这风景点最概括而最美丽的说明，使游者在欣赏时起很大的理解作用。瘦西湖当然不能例外。其选词择句，书法形式，都经细致琢磨，瘦西湖的大名，是与这些联额分不开的。在《扬州画舫录》中，我们随便检出几联，如"四桥烟雨"的集唐诗二联："树影悠悠花悄悄；晴雨漠漠柳毵毵"、"春烟生古石；疏柳映新塘"等，都是信手拈来，遂成妙语。其风景点及建筑物的命名，都环绕了瘦西湖的特征"瘦"来安排，辞采上没有与瘦西湖的总名有所抵触。瘦西湖不但在具体的景物色调上能保持统一，而且对那些无形的声诗，亦是作同样的处理，益信我国园林设计是多方面的一个综合艺术作品。

总之，瘦西湖是扬州的风景区，它利用自然的地形，加以人工的整理，由很多小园形成一个整体，其中有分有合，有主有宾，互相"因借"，虽范围不大，而景物无穷。尤其在摹仿他处能不落因袭，处处显示自己面貌，在我国古典园林中别具一格。由此可见，造园虽有法而无式，但能掌握"因地制宜"与"借景"等原则，那么高冈低坡、山亭水榭，都可随宜安排，有法度可循，使风花雪月长驻容颜。

瘦西湖的形成，自有其历史的背景。对于在一定历史条件下形成的风景区，在今日修建时，我们固要考虑其原来特色，而更重要的，还应考虑怎样与今日的生活相配合，做到古为今用，又不破坏其原有风格，这是值得大家讨论的。我想如果做得好的话，瘦西湖二十景外，必然有更多新的景物产生。至于怎样"因地制宜"与"借景"等，在节约人力、物力的原则下，对中小型城市布置绿化园林地带，我觉得瘦西湖还有许多可以参考的地方，但仍要充分发挥该地方的特点，做到园异景新。今日我介绍瘦西湖，亦不过标其一格而已。"十里画图新闾苑，二分明月旧扬州。"我相信在今后的建设中，瘦西湖将变得更为美丽。

《文汇报》

一九六二年六月十四日

扬州片石山房

——石涛叠山作品

　　石涛是我国明末杰出的一个大画家。他在艺术上的造诣是多方面的，不论书画、诗文以及画论，都达到高度境界，在当时起了革新的作用。在园林建筑的叠山方面，他也很精通。《扬州画舫录》、《扬州府志》及《履园丛话》等书，都说到他兼工叠石，并且在流寓扬州的时候，留下了若干假山作品。

　　扬州石涛所叠的假山，据文献记载有两处：其一，万石园。《扬州画舫录》卷二："释道济，字石涛……兼工垒石。扬州以名园胜，名园以垒石胜。余氏万石园出道济手，至今称胜迹。"《嘉庆扬州府志》卷三十："万石园汪氏旧宅，以石涛和尚画稿布置为园，太湖石以万计，故名万石。中有樾香楼、临漪槛、援松阁、梅舫诸胜，乾隆间石归康山，遂废。"其二，片山石房。《履园丛话》卷二十："扬州新城花园巷又有片石山房者，二厅之后，潴以方池。池上有太湖石山子一座，高五六丈，甚奇峭，相传为石涛和尚手笔。"万石园因多见于著录，大家比较熟悉，可是早毁于乾隆间，而利用该园园石新建的康山今又废，因此

扬州小盘谷剖面图

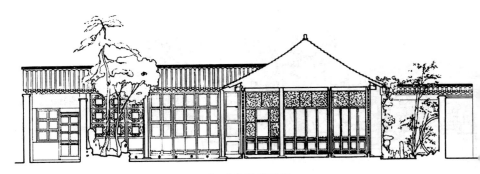

扬州辛园剖面图

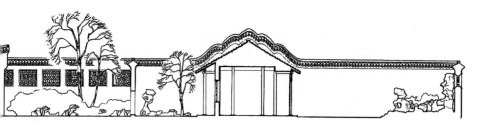

扬州汪氏小苑剖面图

扬州蔚圃剖面图

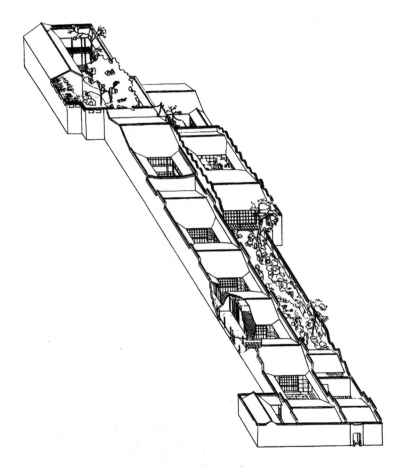

扬州逸圃轴测图

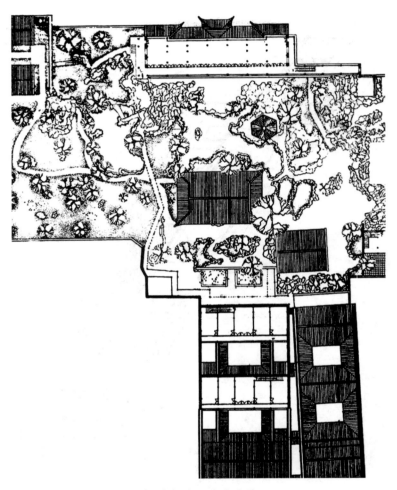

扬州个园二层平面图

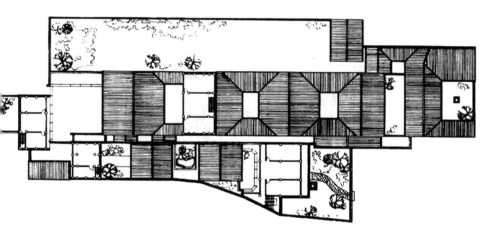

扬州大武城贾宅二层平面图

扬州地官第十四号某宅剖面图

现已无痕迹可寻。唯一幸存的遗迹，便是这次我发现的片石山房了。

近年来，我在扬州对古建筑与园林住宅作较全面的调查研究。在市区东南隅花园巷东尽头旧何宅内，有倚墙假山一座，虽然面积不大，池水亦被填没，然而从堆叠手法的精妙，以及形制的古朴来看，在已知的现存扬州园林中，应推其年代最早，其时间当在清初，确是一件不可多得的精品。现在从其堆叠的手法分析，再证以钱泳《履园丛话》的记载，传出石涛之手是可征信的，确是石涛叠山的"人间孤品"。

假山位于何宅的后墙前，南向，从平面看来是一座横长的倚墙假山。西首为主峰，迎风耸翠，奇峭迫人，俯临水池。度飞梁经石磴，曲折沿石壁而达峰巅。峰下筑方正的石屋（实为砖砌）二间，别具一格，即所谓"片石山房"。向东山石蜿蜒，下构洞曲，幽邃深杳，运石浑成。可惜洞西已倾圮，山上建筑亦不存，无从窥其全璧。此种布局手法，大体上仍沿袭明代叠山的惯例，不过石涛加以重点突出，主峰与山洞都更为显著，全局主次格外分明，虽地形不大，而挥洒自如，疏密有度，片石峥嵘，更合山房命意。

扬州属江淮平原，附近无山。园林叠山的石料，必仰给于他地，如苏州、镇江、宣城、灵璧等处。有湖石、黄石、雪石、灵璧石等，品类较苏州所用者为最多。因为扬州主要依靠水路运输，石料不能过大，所以在堆叠时要运用高度的技巧。石涛所叠的万石园，想来便是以小石拼凑而成山的。片石山房的假山，在选石上用过很大的工夫，然后将石之大小按纹理组合成山，运用了他自己画论上"峰与皴合，皴自峰生"（《苦瓜和尚画语录》）的道理，叠成"一峰突起，连冈断堑，变幻顷刻，似续不续"（石涛论画见《苦瓜小景》）的章法。因此虽高峰深洞，了无斧凿之痕，而皴法的统一，虚实的对比，全局的紧凑，非深通画理又能与实践相结合者不能臻此。此种做法，到后期因不能掌握得法，便用条石横排，以小石包镶，矫揉做作，顿失自然之态。因为石料取之不易，一般水池少用石驳岸，在叠山上复运用了岩壁的做法，不但增加了园林景物的深度，且可节约土地与用石，至其做法，则比苏州诸园来得玲珑精巧。其他主峰、洞曲、磴道、飞梁与步石等的安排，亦妥帖有致。钱泳《履园丛话》卷十二："堆假山者，国初以张南垣为最。康熙中则有石涛和尚，其后则仇好石、董道士、王天于（从周按，应作王庭余）、张国泰皆妙手。近时有戈裕良者，常州人，其堆法尤胜于诸家。"戈裕良比石涛稍后，为乾嘉时著名叠山家。他的作品有很多就运用了这些手法。从他的作品——苏州环秀山庄、常熟燕园（扬州秦氏意园小盘谷，亦戈氏黄石叠山小品，惜仅存残迹），可看出戈氏能在继承中再提高。由于他掌握了石涛的"峰与皴合，皴自峰生"的道理，因而环秀山庄深幽多变，以湖石叠成；而燕园则平淡天真，以黄石掇成。前者繁而有序，深幽处见功力，如王蒙横幅；后者简而不薄，平淡处见蕴藉，似倪瓒小品。盖两者基于用石之不同，因材而运技，形成了不同的丘壑与意境。如果说石涛的叠山如其画一样，亦为一代之宗师，启后世之先声，恐亦非过誉。

如今再研究钱泳《履园丛话》所记片石山房地址，也是相合的。二厅今存其一，系面阔三间的楠木厅，其建筑年代当在乾隆间。池虽填没，然其湖石驳岸范围尚在，山石品类用湖石，更复一致。山峰出围墙之上，其高度又能仿佛，而叠山之妙，独峰耸翠，确当得起"奇峭"二字。综上则与文献所示均能吻合。按，石涛晚年流寓扬州，傅抱石著《石涛上人年谱》所载，从清康熙三十六年（公元一六九七年）石涛六十八岁起，到康熙四十六年（公元一七〇七年）七十八岁殁，一直没有离开扬州。就是在公元一六七八年至公元一六九七年前后八九年的时间中，也常来扬州。书画上所署的大涤草堂、青莲草阁、耕心草堂、岱瞻草堂、一枝阁等，都是在扬州时，除平山堂、净慧寺二处外所常用的斋名。复据五十八岁（公元一六八七年）所作黄海云涛题语："时丁卯冬日，北游不果，客广陵大树下……"六十九岁（公元一六九八年）所作澄心堂尺幅轴款云："戊寅冬日，广陵东城草堂并识。"七十岁（公元一六九九年）所作《黄山图卷跋》云："劲庵先生游黄山还广陵，招集河下，说黄山之胜……己卯又七月。"按，片石山房在城东南，其前为南河下，东为北河下，后有巷名大树巷。今虽不能确指东城即今市区东部（亦即扬州新城东部），但河下即南河下或北河下，大树下即大树巷。要之，石涛当时居停处，可能一度在花园巷附近。他生于明崇祯三年（公元一六三〇年），殁于清康熙四十六年（公元一七〇七年），葬于蜀冈之麓（据友人扬州牙刻家黄汉侯说，石涛墓在平山堂后，其师陈锡蕃画家在世时，尚能指出其地址，后渐湮没）。而钱泳则生于乾隆二十四年（公元一七五九年），殁于道光二十四年（公元一八四四年）。从一七五九年上推至一七〇七年，为时仅五十二年，论时间并不太久。再者钱泳是一个多面发展的艺术家，在园林与建筑方面有很独到的见解，尤其可贵的是对当时各地的一些名园，都亲自访观过，还做了记录，不失为我们今日研究园林史的重要资料。他亦流寓过扬州，名胜与园林的匾额有很多为他所写，今扬州的二分明月楼额，即出钱泳笔。因此他的记载比一般人的笔记转录传闻的要可靠得多，一定是有所根据的。再以石涛流寓扬州的时期而论，这片石山房的假山，应该属于他晚年的作品，时间当在清初了。

从以上所述实物与文献的参证，可以初步认为片石山房的假山出石涛之手，为今日唯一的石涛叠山手迹，也是我们此次扬州调查所知的现存最早假山。它不但是叠山技术发展过程中的重要证物，而且又属石涛山水画创作的真实模型。作为研究园林艺术来说，它的价值是可以不言而喻的。①

《文物》

一九六二年第二期

---

① 检一八二〇年刊酿花使者纂著《花间笑语》谓："片石山楼为廉使吴之黼（字竹屏）别业，山石乃牧山僧所位置，有听雨轩、瓶榈斋、蝴蝶厅、梅楼、水榭诸景，今废，只存听雨轩、水榭，为双槐茶园。"此说较迟，乃酿花使者小游扬州时所记，似为传闻之误。

常熟园林

常熟毗邻苏州，园林所存其数亦多，为今日研究江南园林重要地区之一。现在将调查所得介绍于下：

【燕园】位于城内辛峰街，又名"燕谷园"。本蒋氏所构。钱叔美作《燕园八景图》。咸丰间属归氏，清末归《续孽海》作者张鸿（燕谷老人）。在常熟诸园中规模属于中型，但保存较为完整，为今日常熟诸园中的硕果。

这园的平面狭长，可分为东、西、北三部分。我们从冷僻的辛峰街上一个小石库门入园，门屋五间北向，其西长廊直向北。稍进复有东西向之廊横贯左右，将这一区划分为二。循廊至东部系一小池，池旁耸立假山，山南书斋四间，极饶幽趣。池水沿山绕至书斋旁，曲折循山势如环抱状，上架三曲石桥，桥复有廊。山间立峰，其形多类猿猴，或与苏州狮子林之命意同出一臼。山下水口曲折，势若天成，实为佳构。山巅白皮松一本，高达数丈，虬枝映水，玉树临风。池北西向建一楼，登楼可望虞山。楼旁为花厅三间，是前后二区间极好的过渡。自花厅旁上砖梯登阁，阁八边形，亦西向，今废，用意与楼相同。梯后杂置修竹数竿，成为极好的留虚办法。阁下假山二区，上贯石梁，山下有洞，题名"燕谷"，曲折可通。洞内有水流入，上点"步石"，巧思独运。这处假山虽运用黄石，而叠砌时，并不都用整齐的横向积叠，凹凸富有变化，故觉浑成。尤其山巅植松栽竹，宛若天生，在树艺一方面有其特有之成就，是值得研究的。在此小范围中，虽曲折深幽略逊苏州环秀山庄，但能独辟蹊径，因地制宜，仿佛作画布局新意层出，不落前人窠臼。传假山与苏州环秀山庄同出戈裕良之手（钱泳《履园丛话》"燕谷"条："前台湾知府蒋元枢所筑。后五十年，其族子泰安令因培购之，倩晋陵戈裕良叠石一堆，名曰燕谷。园甚小，而曲折得宜，结构有法。"），从设计手法看，似可征信。山后为内厅三间，庭前古树成荫，是主人住处。其旁西向有旱船一，今已废。观其址，其间亦小有曲折。厅西为长廊直通园门。

园以整体而论，将狭长地形划分为三区。入门为一区，利用直横二廊以及其后的山石，使人入园有深邃不可测之感。东折小园一方，山石嶙峋，又别有天地。尤可取的，是从小桥导入山后的书斋，更为独具曲笔。后部内屋又以假山中隔，两处遥望，则觉庭院深深，空间莫测。

【赵园】位于西门彭家场，又名"赵湖园"，旧名"水吾园"。清代同光间为赵烈文别业，易名赵湖园，其后归武进盛宣怀。盛氏改为宁静莲社，供僧侣居之。解放后为常熟县立师范校址。

园以一大池为主，其西南两面周以游廊，缀以水阁。旱船在池的南端，其前有九曲桥可导至池中小岛。岛西有环洞桥，园外水即自此入内。北有水轩三间，面临小岛。南面廊外原有小院一区，东面亦有建筑物，皆已不存。今池水因辟操场有所填没，面积已较从前大减。

以今日所存推想当日情况，设计时运用园外活流进入池中，以较辽阔的水面与回廊、平冈相配合，并以园外虞山为借景，引山色入园，实能从大处着眼深究借景的。

【虚廓园】又名"虚廓居"，在九万圩西，即明代钱岱（秀峰）小辋川废址的一部分，光绪年刑部郎中曾之撰（曾朴之父）所建。入门水榭三间，其前池水逶迤，度九曲桥至荷花厅，坐厅中，可眺虞山。厅后小院一方，植山茶数本。东折又有一院，均曲折有度，为此园今日最完整处。东首残留假山废墟，其间的廊屋亭台皆已不存。西部为曾氏住宅，系洋楼三间，满攀藤萝，其前植各种月季数千本，今皆不存，而红豆一树犹为园中珍木。

此园陆与水的面积相近，空间也较辽阔，变化比赵湖园为多，可惜除小院二区尚有其旧外，余仅能依稀得之。今为常熟县立师范宿舍。

【壶隐园】在西门西仑桥，明左都御史陈察旧第。嘉庆十年（公元一八〇五年），吴竹桥礼部长君曼堂得之（见钱泳《履园丛话》"壶隐园"条），后归丁祖荫（芝荪）。园前建有藏书楼。

园甚小，有池一，池背小山上建三层楼，白皮松数竿，苍翠入画。人坐园中，视线穿古松高阁，但见虞山在后若屏，尽入眼底。此园特色是假山较低，点缀园内，其用意或是烘托虞山。

【顾氏小园】位于环秀街。原为明钱岱故宅一部分，清为顾葆和所有，名"环秀居"。厅南小院置湖石杂树，楚楚有致。厅北凿大池，隔池置假山，山下洞壑深幽，崖岸曲折，似仿太湖风景。山上白皮松一株，古拙矫挺。厅东原有廊可通至假山，今已不存。假山后虞山如画，成为极妙的借景。厅建于明末，施彩绘，有木制瓣形柱与枋，在苏南尚属初见。

此园布局仅用一大池，崖岸一角，招虞山入园，简劲开朗，以少胜多，在苏南仅此一例。

【澄碧山庄】在北门外，原为沈氏别业。传沈氏佞佛，故此园精舍独佳。今已为小学校舍。池水仅留数方，假山但存一角，其布局似与赵园相仿而略小。厅前小院一角，海棠二本扶苏接叶，而曲廊外虞山全貌几全入园中，为此园最佳处。

【东皋】在镇海门外。又名"瞿园"。系明代瞿汝说所构，子式耜又有增修。今建筑都非旧物，仅存花厅一，其前凿小池，旁有廊可通至池南假山，古木一二，犹是数百年前旧物。

【庞氏小园】在荷香馆。花厅三间南向，厅前东侧倚墙建小亭，亭隐于假山中。厅后有一小池，其上贯以三曲小桥。岸北原有假山建筑物，今已不存。

【市图书馆小园】在县南街。小园半亩，在极有限的地面上满布亭台山石。其布局中心为一小池，四周假山较高，仿佛一个深渊。沿墙环以游廊，北面置一旱船，仅前舱一部分。旁筑一极小的半亭，池上覆以三曲桥。此外尚有西半亭、东亭等，结构似觉拥挤，但在如此窄狭的范围内经营，亦是煞费苦心的。

【之园】在荷香馆。又名"九曲园"，系翁同龢之侄曾桂所构，今已改建为医院。园中荷池狭长，水自城河中贯入，涓涓清流，自多生意，而榆柳垂荫，曲廊映水，较他园更饶空旷之感。

【城隍庙小园】常熟县城隍庙在西门大街，今为县人民政府。园北墙下叠山，山不高，用来陪衬虞山。山下小池曲折，池旁列湖石，水中倒影，历历如画。池中原有石舫一，今已毁。

常熟园林与苏州同一体系，因两县的自然条件与经济文化条件相似，其设计方法，自然相近了。但在实际应用时，原则虽同，又因当地的地形与环境有其特殊性而有所出入。常熟为倚山之城，其西部占虞山的东麓，因此城内造园均考虑到对这一自然景色的运用。其运用可分为两种：第一种如赵园、虚廓园等，园内水面较广，衬以平冈小阜，其后虞山若屏，俯仰皆得。其周围筑廊，间以漏窗，园外景物，更觉空灵。第二种，如燕园、壶隐园，园较小，复间有高垣，无大水可托。其"借景"之法，则别出心裁，园内布局另出新意。其法是在园内建高阁，下构重山，山巅植松柏丛竹。登阁凭阑可远眺虞山，俯身下瞰则幽壑深涧，丛篁虬枝，苍翠到眼。

总之，常熟县城，在利用自然的地形上，构成了不规则的城市平面，而作为民居建筑的一部分——园林，复能结合自然环境，利用人工景物，将天然山色组织到居住区域中，实在是今日建筑设计工作者应当学习的地方。

一九五八年第三期

泰州乔园

　　泰州是仅次于扬州的一个苏北大城市，以商业与轻工业为主，在历史上复少兵灾，因此古建筑园林与文物保存下来视他市较多，如南山寺五代碑座，明代的天王殿及正殿，正殿建于明天顺七年癸未（公元一四六三年），在大木结构上，内外柱皆等高，脊檩下用叉手，犹袭元以前的建筑手法。明隆庆间的蒋科住宅的楠木大厅。明末的宫宅大厅，现状尚完整。其他岱山庙的唐末铜钟、宋铜像等，前者款识为"同光"，后者为宋崇宁五年（即宋大观元年——公元一一○七年）及宋靖康元年丙午（公元一一二六年）年所造。园林则推乔园。

　　乔园在泰州城内八字桥直街，明代万历间官僚地主太仆陈应芳所建，名曰"涉园"，取晋陶潜《归去来辞》中"园日涉以成趣"之意名额。应芳名兰台，著有《日涉园笔记》。园于清康熙初归田氏。雍正间为高氏所有，更名"三峰园"。咸丰间属吴文锡（莲芬），名"蛰园"。旋入两淮盐运使乔松年（鹤侪）手，遂以"乔园"名。在高凤翥（麓庵）一度居住时期，曾由李育（某生）作园图。周庠（西崟）绘园四面景图，时在道光五年（公元一八二五年）。咸丰九年己未（公元一八五九年）吴文锡复修是园后，又作《蛰园记》。从记载分别可以看到当时的园况，为今存苏北地区最古的园林。

乔园在其盛时范围甚大，除园林外尚拥有大住宅，这座大住宅是屡经扩建及逐步兼并形成的。从这里可以看出，明代中叶后官僚地主向农民剥削加深的具体反映。今日园之四周住宅部分，虽难观当日全貌，然明代厅事尚存四座，其中一座还完整。

园南向，位于住宅中部，三峰园时期有十四景之称：（一）皆绿山房，（二）绠汲堂，（三）数鱼亭，（四）囊云洞，（五）松吹阁，（六）山响草堂，（七）二分竹屋，（八）因巢亭，（九）午韵轩，（十）来青阁，（十一）莱庆堂，（十二）蕉雨轩，（十三）文桂舫，（十四）石林别径。今虽已不能窥见其全豹，但根据今日的规模，是不难复原的。

园以山响草堂为中心，其前水池如带，山石环抱，正峙三石笋，故又名"三峰草堂"。山麓西首壁间嵌一湖石，宛如漏窗，殆即《蛰园记》所谓具"绉、透、瘦"者。池上横小环洞桥及石梁。过桥入洞曲，名"囊云"，曲折蜿蜒山间。主山则系三峰所在，其南原有花神阁，今废。阁前峰间古柏桧一株，正《蛰园记》所谓："瘿疣累累，虬枝盘拿，洵前代物也。"实为园中最生色之处，同时亦为泰州古木之尤者。山巅东则为半亭，按，旧图记无此建筑，似属后造。西度小飞梁跨幽谷达数鱼亭，今圮，遗址尚存。亭旁原有古松一株，极奇拙，已朽。山响草堂之北，通花墙月门，垒黄石为台，循迂回的石磴达正中之绠汲堂。堂四面通敞，左顾松吹阁，右盼因巢亭。今阁与亭名存而实非。绠汲堂翼然邻虚，周以花坛丛木，修竹古藤，山石森然，丘壑独存。虽点缀无多，颇曲尽画理，是一园中另辟蹊径的幽境。

乔园今存部分，与文献图录所示对照，已非全貌。然就现状来看，在造园艺术上尚有足述的地方。

在总体布局上，以山响堂为中心，其前凿池叠山以构成主景。后部辟一小园，别具曲笔，使人于兴尽之余，又入佳境。这两者不论在大小与隐显及地位高卑上，皆有显著不同的感觉，充分发挥了空间组合上的巧妙手法。至于厅事居北，水池横中，假山对峙，洞曲藏岩，石梁卧波等，用极简单的数事组合成之，不落常套，光景自新，明代园林特征就充分地体现在这种地方。此园林以东、南、西、北四个风景面构成，墙外楼阁是互为"借景"。游览线以环形为主，山巅与洞曲又形成上下不同的两条游径，并佐以山麓崖道及小桥步石等歧出之，使规则的主线中更具变化。

叠山方面，此园在运用湖石与黄石两种不同的石种上，有统一的选择与安排。泰州为不产石之地，因此所得者品类不一，而此园在堆叠上使人无拼凑之感。在池中水面以下用黄石，水面以上用体形较多变化的湖石。在洞中下脚用黄石，其上砌湖石。在石料不足时，则以砖拱隧道代之，它与石构者是利用山洞的小院作过渡，一无生硬相接之处。若干处用砖墙挡土，外包湖石，以节省石料。以年份而论，山洞部分皆明代旧物，盖砖拱砌法以及石洞的大块"等分平衡法"（见《园冶》），其构造既有变化又复浑融一片，无斧凿之痕可寻，洵是上乘的作品，可与苏州明代旧园之一的五峰园山洞相颉颃，为今日小型山洞中不可多得的佳例。至于山中置砖拱隧道，则尤为罕见。主峰上立三石笋，与古柏虬枝构成此园之主要风景面，一反前人以石笋配竹林的陈例。山下以水池为辅，曲折具不尽之意。以崖道、桥梁与步石等酌量点缀其间，亦能恰到好处。这些在苏北诸园中未见有此佳例。此种叠山艺术的消息，清代仅在石涛与戈裕良的作品中尚能见之，并有所提高。

花木的配置以乔木为主，古柏重点突出，辅以高松、梅林。山坳水曲则多植天竹。庭前栽腊梅、丛桂，厅周荫以修竹、芭蕉，花坛间布置牡丹、芍药，故建筑物的命名遂有"皆绿山房"、"松吹阁"、"蕉雨轩"等。至于其所形成四季景色的变化，亦因此而异。最重要的是此类植物的配合，是符合中国古代画理的，当然在意境上，还是从幽雅清淡上着眼，如芭蕉分绿，疏筠横窗，天竹腊梅，苍松古柏，交枝成图，相映生趣，皆古画中的粉本，为当时士大夫所乐于欣赏的。山间以书带草补白，使山石在整体上有统一的色调。这样使若干堆叠较生硬处与堆叠不周处能得到藏拙，全园的气息亦较浑成，视苏南园林略以少数书带草作补白者，风格各殊。此种手法为苏北园林所习用，对今日造园可作借鉴。宋人郭熙说，"山以水为血脉，以草为毛发，以烟云为神彩"（《林泉高致》），便是这个道理。

总之，乔园为今日泰州仅存的完整古典园林，亦是苏北已知的最古老的实例，在中国园林研究中，以地区而论，它有一定的代表性。

【附录一】

吴文锡（莲芬）《蛰园记》："蛰园者，海陵高氏之三峰园也。园起于明太仆陈君应芳。康熙初归田氏，雍正间即为高氏所有。予于咸丰丁巳自川南旋扬城，老屋已为破毁，勉赁泰属樊汉镇之屋暂为栖息。湫隘嚣尘，小人近市矣。戊午夏，闻有是园，即买舟往视，虽荒落破败，以犹可拾缀者，因以三千六百缗当之，修葺之费加一千五百缗，阅三月告成。居然楚楚，嘉平朔日率眷属移家焉。其屋西向者为门，南向者为厅事，比者为住屋，北向者亦住屋，再南者为闲房，为厨房，为住屋，比者为套房，再北、南向、北向，胥住房也。由此而东，共闲房二十余楹。由厅事东廊转而东，长廊十余间，此达园之径也。廊外植竹，竹外艺蔬，廊尽处入圭窦。北向三楹，东套室一楹，曰蛰斋，斋前后环以竹。由蛰斋而东，南向之楼曰一览忘尘，对墙嵌巨石，绉、透、瘦三字悉备。再东则为三峰草堂，堂面山，湖石假山三面拥抱，高者几可接云。山下为池，循西度石桥而上为梅径，缘径而南为花神阁。阁前古柏一株，瘿疣累累，虬枝盘拿，洵前代物也。柏左右三峰并峙，斑驳陆离，不可名状。循阁而东，越廊楼折而北为疏影亭，盖亭之四面亦皆梅也。沿亭而下，稍北则丛桂一方，穿丛桂而西，则牡丹分列。迤北则黄石假山扑面。山巅之屋曰退一步想。屋后桑榆林立，皆非百年以内之物。旁植安石榴、碧桃、棕榈、芭蕉，东高台三层，为玩目之所。此园之大略也。余少也贱，且不知治生人产，宦游二十年，因病归来，正值东南苦兵，僻居海东，奚敢以泉石为心性之娱焉？爰觅屋年余，久而弗遂，得是荒园，藏身有所。其更名蛰园者，盖蛰物身之所依。蛰物之所依。其地甚小，而外之山环水抱，无美不备。以为蛰者之所有，可；以为非蛰者之所有，亦无不可也。是为记。咸丰己未伏日，清远庵僧自识。"

（录自董玉书《芜城怀旧录》卷二）

【附录二】

周庠（西笒）《三峰园四面景图题记》："右图之西面，高甍接云者为来青阁，登阁以望，园之全胜在焉。其西为莱庆堂，前后重檐，主人为高堂称寿，恒张宴于此。南为二分竹屋，碧玉万竿，清风时来。循竹径而北为皆绿山房，又北为蕉雨轩，又北为文桂之舫，折而西，为午韵轩，植牡丹甚夥。又西为石林别径，自皆绿山房至此，皆居园之右偏。绘事弗能及，故连类记之。道光五年，岁次乙酉夏六月，西笒周庠记。

"右图之南面，三石笋鼎峙，色浅碧，叩之玲珑有声，高十数尺有差。园始名曰涉，易今名。以此聚石为池，兰馨被渚，水萦如带。池西为囊云洞，洞中有径达数鱼亭之右。其上古桧一株，轮囷蟠薄，大可十围，为园中群木之长。干倚石生，渐与石合。人从洞中火而观之，杳不知其托根何所？亦一奇也。

"右图之东面，高者为数鱼亭，俯瞰碧流，纤鳞可数，故名。池上跨小石梁，盘石在其左，可坐而钓焉。亭后修廊之后，一榆一杉，对立云表。杉非江北所宜，植此特修耸蓊郁，风声吟啸，如在深山大壑间。亭之右角，叠小石为山。山缝一松，高不满数石，皮尽脱，筋骨刻露，毛鬣不多，而苍翠之色四时不变，不知何代物也。

"右图之北面，中为山响草堂，累翼重楣，四面虚敞。堂后山，山下有泉，甘洌可饮。泉上有绠汲堂，自其左缘梯而上为松吹阁。阁前为台，布席可坐十数人，去地二十尺有奇，烟消日出，望隔江诸山，飘渺在有无间也。其右槐榆荫涂，梅榴夹植，有亭曰因巢，盖因树为之。"

南京博物院《文博通讯》

一九七七年十一月第十六期

双环城绕水绘园

　　欣逢菊瘦蟹肥的晚秋时节，我踏上了介于江海之间的苏北平原，孤帆一片，从长江口的上海，由水路到达南通，接着转车去如皋。如皋事毕，又游了几个小镇。兴尽归来，记我鸿爪。

　　这次因为如皋县召开城市总体规划会议，住在冒家桥边的宾舍中，使我早晚得游明末冒襄（辟疆）的水绘园，畅谈了董小宛的故事。当我小立冒家桥时，无意中谱了一首忆江南小词："江南好，信步冒家桥。流水几弯萦客梦，楼台隔院似闻箫。往事溯前朝。"凭吊古迹，触景生情的一刹那间，这种感情，近年来越来越多，这也不知为什么？我自己也在想，这恐怕是因为思想解放了，少时读了几句旧书，略知一些地方历史掌故吧？对风景来说，对名胜古迹来说，在旅游时多少丰富了我的情趣。比之那种到此一游，吃喝玩乐，追求一时刺激，可能略为高尚一点。我对于游的认识，总以为要有点游的准备，即文化修养。而地方上对游者也要多少供给一些地方历史及风土的介绍。文化的修养，并不全在课堂教育，自学与旅游，也会带来莫大的益处，读书万卷，行路万里，才能达到"下笔如有神"，所谓

"文以好游而益工"。我常常和青年同学们谈学习，我总告诉他们在舟车中，也是很好的大课堂、活课堂，窗外窗内，可以见闻到、学习到很多东西；如果专心打桥牌，或终日昏昏，如在摇篮中贪睡，即是最大的损失。老实说，我的很大一部分知识与画本，便是从旅游中得来。读书是学习，社会也是学习，"莫等闲白了少年头"，这话可说是"语重心长"。

话离题太远了，该慢慢地言归正传。我游的那个如皋县，是座苏北的古城，城周以水，形近于园，四面有门。外城之中有内城，亦同形，今城废，而两道环河，杨柳夹岸，市桥跨水，却分外幽美宜人，因此，我称它为双环城，这在全国城市中还是少见的。"小城春色"，此语醉人，可惜我来已是晚秋，然丹黄澄红，晚菊老枫，犹是点缀于衰柳颓杨之间；而水边人家，照影清浅，可说是着叶无多饱看难，另有一种依恋人的风姿。

过冒家桥，经冒家巷；或沿内城河，皆可走向水绘园。这园是明末冒辟疆的别业，是我国名园之一。

冒襄，字辟疆，自号巢民，如皋人。生于明万历三十九年（公元一六一一），卒于清康熙三十二年（公元一六九四），享年八十三岁。他幼有俊才，十岁辄能赋诗，负时誉。天启间，与桐城方以智、宜兴陈贞慧、商丘侯方域一起反对宦官魏忠贤，当时称"四大公子"。又结复社以反对阮大铖。曾中副贡，授台州推官。后来隐居不仕，在水绘园内读书作文，宾从宴游，极一时之盛，著有《朴巢》《水绘》二集。

董小宛，名白，一字青莲。明天启四年（公元一六二四）生。金陵名妓，后客苏州。小宛天姿巧慧，容貌娟妍，针神曲圣，食谱茶经，莫不精晓，尝集古今闺帏之事，汇为书，名《奁艳》。遇冒辟疆坚欲委身。崇祯十六年（公元一六四三），以负累缪辖，事将决裂，逢礼部尚书钱谦益以三千金偿其逋，致之皋城归冒。清兵南下，时和冒渡江避难，辗转于离乱之间达九年。于顺治八年（公元一六五一）卒，年二十七。冒辟疆为作《影梅庵忆语》，记其感情始末。

冒辟疆与董小宛的史实如上。因为董小宛曾误传为顺治帝的宠妃董鄂妃，说她后来进了宫的一段故事，董小宛之名越来越流入民间，在历史上她与当时的柳如是、顾横波、李香君一样为人乐道。

水绘园的变迁，民国《如皋县志》卷二上说："在城东北隅中祥寺、伏海寺之间，旧为文学冒贯一别业，名水绘园，后司李冒襄栖隐于此，易园为庵，构妙隐香林堂、默斋、枕烟亭、寒碧堂、洗钵池、小语溪、鹤屿、小三吾、月鱼基、波烟玉亭、湘中阁、悬霤山房、涩浪波、镜阁、碧落庐，一时海内巨公知名之士，咸游觞咏啸其中，数传后仅存荒址，已属他姓。嘉庆元年（公元一七九六），冒氏族人赎而复之为家祠公业。"解放后，已扩建为人民公园，虽非旧貌，而境界自存，所谓"水绘"二字，尚能当之。而面水楼台，掩映于垂柳败荷之间，倒影之美，足入画本。此一区建筑群之妙，实为海内孤例。水明楼之经营当在新安会馆之时，闻系文园主人汪氏之手。汪，皖人。（见余著《园林丛谈》。）厅事数选，缀以临水诸构。以二面东小厅，联南向之旱船，有楼可登，楼下悬挂水明楼额。绕以水花墙，其内各自成院，点石栽花，明净雅洁。围而不隔，界而不分。建筑本身虚实之对比，与水中真伪之变化，顿起"笙歌归院落，灯火下楼台"之感，仿佛冒氏盛时，风景依稀。那天正有一位美籍华人专家在，他原籍如皋，与我小谈该园往事，他恋乡之情油然而生，出园时，回首再三，历史遗产其感人者正在此，我深信在他心灵中，当留下一个深刻的故里印象，起无限爱国之思。

苏北园林自成体系，当以扬州为代表，其流风延及附近泰州、如皋等县，并远及淮安、淮阴等处，最盛之时在乾隆之世。《扬州画舫录》所绘庭园，每见楼阁高下，院落重叠者，今几无存。考其园主，类多皖人业盐于此者，此新安会馆一组，与此时期仿佛，亦扬州园林之特征而今幸存者。（见余著《园林丛谈》及《扬州园林》。）

陈其年《水绘园记》："水绘之义者，会也。南北东西皆水绘其中，林峦葩卉，块圠掩映，若绘画然。"此园名之由来。今所见建筑，依池而筑者，琴台、竹房、水明楼，中为新安会馆，西则雨香庵，至于水绘园初时情况，同记："古水绘园在治北，今稍拓而南，延袤几十亩。"今尚能寻者唯西北"画堤，堤广五尺，长三十余丈，行已得水绘庵门"。今堤存，而尺度与所记正同。园门前为通城巷，通城巷与冒家巷连。此一遗迹，宜妥保之。陈其年为陈定生子，略晚于冒辟疆。

游罢水绘园，不禁使我想起了水绘园的后人冒鹤亭老先生，记得二十二岁那年随夏师瞿禅第一次谒先生于上海，初次见到他珍藏的冒辟疆与董小宛的像。今园中所悬挂的二像，是他所藏的复制品。冒先生是学者、诗人，他的儿子孝鲁先生亦工诗，所谓"名门"之后了。我们是忘年交，是朋友，见园怀人，想得就比较多。冒家桥之南有定慧寺北向，殿环楼，而寺之外三面又皆水，此亦佛寺建筑之特例。我称之为"殿环楼，水绕寺"，为如皋又添一景。至于县文庙，今存大殿，建于清顺治间，用材坚实，结构完整。这些都是如皋历史的证物。

一九八〇年初冬写

同里退思园

初冬的微阳，浅照在江南的原野，我又重游了水乡吴江同里的退思园。往事如烟，触景怀人，说来也话长了。

退思园自从我誉为贴水园后，地方上能欣然会意，花了很大的力量，修理得体。我小立池边，想起我初知退思园之名，还是四十多年前的事了。我当时在圣约翰大学教书，同事任味之（传薪）先生就是该园的主人。任老长我三十岁，与我为忘年交，学者兼名士，他能度曲，是曲学泰斗吴瞿安（梅）的好友。留学过德国，又在园东创办了一所女子中学，开风气之先。园与宅相连，前有菊圃，植菊千本，与常熟曾孟朴先生的虚廓园中栽月季一样豪华，我相信将来退思园的艺菊也可能添一时景吧。

历史上，同里有位计成，在中国造园史上享有不朽的盛名。计成生于时万历十年（公元一五八二年），他著有《园冶》一书，是造园学的经典著作，不但影响我国，而且传播到日本及现在的西方。明年是他诞生四百十岁周年，我建议我们造园界在吴江县政府的倡导下在同里开个纪念会，并在那里造一个

"计亭"，让世界的园林界与旅游者前来凭吊。

吴江这地方，真是个文化之地，过去茶坊酒肆中品画闲吟，听书拍曲，仅以我认识的学者名流曲家来谈，除任老外，还有金松岑、凌敬言、金立初、蔡正仁、计镇华、徐孝穆诸先生，人物前后跨越约一百年。这个以园名曲名的江南水乡，触发了我的情思，因此叫出了"江南华厦，水乡名园"两句话，还加了一句"度曲松陵"（吴江又称松陵）。

任味之先生是退思园的最后主人了，晚年住上海，园渐衰落，一直到解放后已是残毁不堪了。因为任老的关系，我关心了一下，终于救了出来，这也是佛家所谓缘吧？

同里以水名，无水无同里，过去退思园边就有清流，现在填掉了。我多么希望能恢复原状。退思园论时代是较晚近一些，布局进步了，正路照壁门屋下房轿厅大厅，东边上房是主人居住之处，一个大走马楼，左右楼廊联之，天井大，很是开朗；再东为客房、书房，在楼屋中，点缀山石乔木，极清静；再东为花园，园外远处为女校，其平面发展自西向东，各自成区，园又有别门可出入。华厦完整，园林如画，相配得很是可人、宜人，可惜园外有一座水塔，借景变成增丑，不知何日可以迁走呢？

目前大家在谈经济开发，同里以园带水，以水带财，水乡、水园、水磨腔（昆曲名水磨腔）——中国的威尼斯。如能恢复已填的市河，可形成以水游为主的水乡风味特色的江南景点。"曲终过尽松陵路，回首烟波十四桥。"太富有诗情画意了。

一九九一年一月

西湖园林风格漫谈

西湖的园林建筑是我们园林修建工作者的一个重大课题，它既复杂又多样，其中有巨作、有小品，是好题材。古来的作家诗人，从各种不同角度，写成了若干的不朽作品，到今日尚能引起我们或多或少的幻想和憧憬。

西湖是我国最美丽的风景区之一。今天在党的领导下，经过多少人的辛勤劳动，使她越变越美丽。可是西湖并不是从白纸上绘制的一幅新图画，她至少已有一千多年的历史（说得少点从唐宋开始），并在前人的基础上一直在重建修改。唐人诗词上歌咏的与宋人笔记上记载的西湖，我们今天仍能在文献资料中看到。社会在不断发展，西湖也不断地在变，今天我们希望她变得更好，因此有必要来讨论一下。清人汪春田有《重葺文园》诗："换却花篱补石阑，改园更比改诗难。果能字字吟来稳，小有亭台亦耐看。"这首诗对我们园林修建工作者来说，真是一言道破了其中甘苦的，他的体会确是"如鱼饮水，冷暖自知"。花篱也罢，石阑也罢，我们今天要推敲的是到底今后西湖在建设中应如何变得更理想，这就牵涉到西湖园林风格问题，这问题我相信大家一定可以"争鸣"一下。如今我来先谈一谈西湖的风景。

西湖在杭州城西，过去沿湖滨路一带是城墙，从前游西湖要出钱塘门涌金门与清波门，因此《白蛇传》的许仙与白娘娘就是在这儿会面的。她既位于西首，三面环山，一面临城，因此在凭眺上就有三个面：即向南山、北山及面城的西山。以风景而论，从南向北，从东向西，比从北望南来得好，因为向北向西，山色都在阳面，景物宜人，如私家园林的见山楼、荷花厅多半是北向的。可是建筑物面向风景后，又不免要处于阴面，想达到"二难并，四美具"，就要求建筑师在单体设计时，在朝向上巧妙地考虑问题了。西山与北山既为最好的风景面，因此应考虑这两山（包括孤山）是否适宜造过于高大的建筑物，以致占去过多的绿化面与山水；如孤山，本来不大，如果重重地满布建筑物的话，是否会产生头重脚轻失调现象。同济大学设计院在孤山图书馆设计方案时，我就开宗明义地提出了这个问题。即使不得已在实际需要上必须建造，亦宜大园包小园，以散为主，这样使建筑物隐于高树奇石之中，两者会显得相得益彰。再其次，有些风景遥望极佳，而观赏者要立足于相当距离外的观赏点，因此建筑物要发挥观赏佳景作用，并不等于要据此佳丽之地大兴土木，甚至于踞山盘居，而应若接若离地去欣赏此景，这就是造园中所谓"借景"、"对景"的命意所在。我想如果最好的风景面上都造上了房子，不但破坏了风景面，即居此建筑物中亦了无足观，正所谓"不见庐山真面目"了。过去诗文中常常提到杭州城南风光，依我看还是北望宝石山、孤山与白堤一带景物更为美妙吧!

西湖风景有开朗明静似镜的湖光,有深涧曲折、万竹夹道的山径,有临水的水阁湖楼,有倚山的山居岩舍,景物各因所处之地不同而异。这些正是由西湖有山有水的优越条件而形成。既有此优越的条件,那么"因地制宜"便是我们设计时最好的依据了。文章有论著,有小品,各因体裁内容而异,但总是要切题,要有法度。清代钱泳说得好:"造园如作诗文,必使曲折有法。"这就提出了园林要曲折,要有变化的要求,因此西湖既有如此多变的风景面,我们做起文章来正需诗词歌赋件件齐备,画龙点睛,锦上添花,只要我们构思下笔就是。我觉得今后对西湖这许多不同的风景面,应事先好好地安排考虑一下,最重要的是先广搜历史文献,然后实地勘查,左顾右盼,上眺下瞰,选出若干观赏点。选就以后就能规定何处可以建筑,何处只供观赏不能建造多量建筑物,何处适宜作安静的疗养处,何处是文化休憩处。这都要先"相地",正如西泠印社四照阁上一联所说的:"面面有情,环水抱山山抱水;心心相印,因人传地地传人。"上联所指,是针对"相地"、"借景"两件园林中最主要的要求而言,我想如果到四照阁去过的人,一定体会很深。而南山区的雷峰塔,则更是重要的一个"点景"建筑。

大规模的风景区必然有隐与显不同的风景点,像西湖这样好的自然环境,当然不能例外,有面面有情、处处生姿的西湖湖面及环山,有"遥看近却无"的"双峰插云",更有"曲径通幽"的韬光龙井。古人在处理这许多各具特色的风景点,用的是不同的巧妙手法,因此今后安排景物时,如何能做到不落常套，推陈出新，我想对前人的一些优秀手法，以及保存下来的出色实例，都应作进一步的继承与发扬。当然我们事先应作很好的调查，将原来的家底摸摸清楚，再作出全面的分析，这样可能比较实事求是一些。

西湖是个大风景区，建筑物对景物起着很大的作用，两者互相依存，所谓"好花须映好楼台"。尤其是中国园林，这种特点更显得突出。西湖不像私家园林那样要用大量的亭台楼阁，可是建筑物却是不可缺少的主体之一。我想西湖不同于今日苏扬一带的古典园林，建筑物的形式不必局限于翼角起翘的南方大型建筑形式；当然红楼碧瓦亦非所取，如果说能做到雅淡的粉墙素瓦的浙中风格，予人以清静恬适的感觉便是。大型的可以翼角起翘，小型的可以水戗、发戗或悬山、硬山，游廊、半亭，做到曲折得宜，便是好布置。我们试看北京颐和园主要的佛香阁一组用琉璃瓦大屋顶，次要的殿宇馆阁，就是灰瓦复顶。即使封建社会皇家的穷奢极欲，也还不是千遍一律的处理。再者西湖范围既如此之大，地区有隐有显，有些地方建筑物要突出，有些地方相反地要不显著，有些地方要适当地点缀，因此在不同的情况下，要灵活地应用，确定风景和建筑何者为主，或风景与建筑必须相映成趣，这些都要事先充分地考虑。尤其是今天，西湖的建筑物有着不同的功能，这就使我们不能强调内容为先还是形式为先，要注意到两者关系的统一。好在西湖范围较大，有水有山，有谷有岭，有前山有后山，如果能如上文所说能事先有明确的分区，严格地执行，这问题想来也不太大。如此就能保持整个西湖风格的统一，与其景物的特色。

西湖过去有"十景",今后当有更多的好景。所谓"十景"是指十个不同的风景欣赏点,有带季节性的如"苏堤春晓"、"平湖秋月",有带时间性的"雷峰夕照",有表示气候特色的"曲院风荷"、"断桥残雪",有突出山景的"双峰插云",有着重听觉的"柳浪闻莺",等等。总之,根据不同的地点、时间、空间,产生了不同的景物,这些景物流传得那么久,那么深入人心,是并非偶然的。好景一经道破,便成绝响,自然每一个到过西湖的都会留下不灭的印象。因此今日对于景物的突出,主题的明确是要加以慎重考虑的。如果景物宾重于主,或虽有主而不突出,如"曲院风荷"没有荷花,即使有亦不过点缀一下,那么如何叫人一望便知是名副其实呢?所以我这里提出,今后对于这类复杂课题,都要提高到主宾明确,运用诗情画意、若即若离、空濛山色、迷离烟水的境界去进行思考处理。因此说西湖是画,是诗,是园林,关键在我们如何地从各种不同角度来理解它。

树木对于园林的风格是起一定作用的。记得古人有这样的句子:"明湖一碧,青山四围,六桥锁烟水。"将西湖风景一下子勾勒了出来。从"六桥烟水"四字,必然使读者联想到西湖的杨柳。这是烟水杨柳,是那么的拂水依人。再说"绿杨城郭是扬州"、"白门杨柳好藏鸦",都是说像扬州、南京这种城市,正如西湖一样以杨柳为其主要绿化物。其他如黄山松、栖霞山红叶,也都各有其绿化特征。西湖在整个的绿化上不能不有其主要的树类,然后其他次要的树木才能环绕主要树木,适当地进行配合与安排。如果不加选择,兼收并蓄的话,很难想象会造成什么结果。正如画一样必定要有统一的气韵格调，假山有统一的皴法。我觉得西湖似应以杨柳为主。此树喜水，培养亦易，是绿化中最易见效的植物。其次必定要注意到风景点的特点，如韬光的楠木林，云栖、龙井的竹径，满觉陇的桂花，孤山的梅花，都要重点栽植，这样既有一般，又有重点，更好地构成了风景地区的逗人风光。至于宜于西湖生长的一些树木，如樟树、竹林，前者数年即亭亭如盖，后者隔岁便翠竿成荫，在浙中园林常以此二者为主要绿化植物，而且经济价值亦大，我认为亦不妨一试，以标识浙中园林植物的特点。至于外来的植物，在不破坏原来风格的情况下，亦可酌量栽植，不过最好是专门辟为植物园，其所收效果或较散植为佳。盆景在浙江所见的，比苏州、扬州更丰富多彩。我记得过去看见的那些梅桩与佛手桩、香橼桩，培养得好，苔枝缀玉，碧树垂金，都是他处不及的，皆出金华、兰溪匠师之手。像这些地方特色较重的盆景，如果能继续发扬的话，一定会增加西湖不少景色。

《文汇报》

一九六二年三月十四日

闲话西湖园林

　　春节前，我因事去杭州几天。又一次见到"孤山游客成千万，愧我长吟行路难"及"不闻辇雷声，但见人轧（方言：gá）人"的北湖与灵隐的景况。

　　"旧游湖上等行云"，这已是快半个世纪的事了，还是在少年时代，春秋佳日，游西湖，吃醋鱼，尽一日之乐。那时，游西湖也分水游与陆游两种。水游呢，从湖滨上船，一叶扁舟，那些有名的三潭印月、湖心亭倒不是必游之处，而游的却是湖边的园林别墅，杭州人称为"庄子"。著名的有刘庄、小刘庄、蒋庄、汪庄、郭庄、高庄、杨庄、许庄以及南阳小庐、俞楼等。它们都分布在南北湖两岸：有的依山，有的面水，亭台交错，楼阁掩映。但都有一个特征，没有不借景湖山的。雍容华贵的刘庄，建筑装修都是红木紫檀雕刻的，室内陈设也很讲究。许庄却以柳竹为主，以淡雅出之。而后起的蒋庄与汪庄则又是藻饰新颖。我们舍舟上岸到庄子中品茗，管理人员殷勤招待，临行相送，赠以薄酬，宾主都是谦和愉快。从早到晚也没有一定的计划，能游几个，就游几个。杜甫诗云："兴移无酒扫，随意坐莓苔。"我们就是抱着这种态度，难得浮生半日闲或一日闲的。

说到杭州园林，除城中的市园外，主要是西湖这些"庄子"了，可说是杭州园林的代表。"庄子"应该称是郊园，郊园多野趣，它主要是结合自然。西湖的"庄子"一方面着眼于"借景"、"对景"，同时因为大多数临湖，除了安排适当建筑外，也掇山凿池，同市园差不多。而其选址以里湖、南湖为多，因为湖面不大，有山可依，宜于建园。围墙不高，也有用竹篱的。当年袁枚营随园于南京，无园墙之设，因地制宜，其源出自西湖"庄子"。

最近我做了这样一首诗："村茶未必逊醇酒，说景如何欲两全。莫把浓妆欺淡抹，杭州人自爱天然。"淡妆是西湖风格，这些"庄子"粉墙黛瓦，那么雅洁，而这些粉墙点出了西湖的明静。软风、柔波、垂柳三者的交响曲，奏出了湖面的旋律，陶醉了多少的游人。从亭廊、水榭中可以望见远处的层峦翠色，晓雾朝霞，暮霭晨光，空灵得使你销魂。这些难以忘怀的境界，永远萦绕我的脑间。西湖的园林（庄子）是人工与天然结合的巧妙构图，舟中的动观，与园中的静观，相互形成了西湖的特色。

西湖的花木，四季显其所长。孤山的梅，里湖的荷，满觉陇的桂，万松岭、九里松的松，韬光云栖的竹，真是各臻其妙。这些地方，不以人工的藻饰损于天然的姿容，它是天然的园林，如同一个朴素的村姑，天真得亲切、动人。而群山秀色，溪流淙淙，纯洁得教人感到俗气全消。龚自珍是杭州人，他用"无双毕竟是家山"来赞誉西湖，并非是没有理由的。

宋人姜白石孤山词有"凉观酒初醒，竹阁吟才就"之句咏西湖的建筑，幸运得很，我居然于雪后初霁，在阮公墩新建的竹阁中品茗。那天的茶特别清冽，从丝丝衰柳中望南山，仿佛水墨描的，而另一面呢，"高楼大厦来头顶，怕见北山落眼前"，它污染了清雅的景观，感到惆怅。而遥望南湖总觉得缺点什么，原来雷峰塔早圮了，"盈盈一水成孤寂，莫怪游人论短长"，因为景虚了，自是若有所失，这西湖风景的一笔，是何等的重要啊！过去雷峰塔下，有白云庵，也是个园林，苏曼殊住在庵中，有"白云深处拥雷峰，几树寒梅带雪红。斋罢垂垂浑入定，庵前潭影落疏钟"之句，读罢有些飘飘然，园景无一笔不跃然纸上，如今庵亡已久，而南屏晚钟亦早成绝响，这倚山偎水的西湖名园仅留梦忆而已。

挑灯偶忆，写到此，我总感到西湖是个大园林，它有独具的特色。而这些大园中的小园，更有西湖园林的地方风格。为了扩大西湖的游览，这些"庄子"，如果能逐步恢复，西湖的旅游就丰富得多了。

《旅游》
一九八四年第三期

绍兴的沈园与春波桥

　　前几年我因绍兴的禹庙与兰亭的修复工程，到绍兴去了，住在鲁迅纪念馆。相近有一座春波桥，桥旁就是沈园，里面并设了南宋爱国诗人陆放翁（游）的纪念馆。沈园亦经过整理，新筑了围墙，常常有从各地方去凭吊的人，尤其是在春日。这里是放翁最有名的一首作品——《钗头凤》词的诞生地。这词使人联想到放翁在旧社会封建势力压迫下的一幕悲剧。

　　沈园在春波桥旁，现存小园一角，古木数株，在积土的小坡上，点缀一些黄石。山旁清池澄澈，环境至为幽静。旁有屋数椽，今为放翁纪念堂，内部陈列了放翁遗像以及放翁作品。根据记载，沈园在南宋是个名园，范围比今日要大几倍。

　　放翁原娶唐琬，是他母亲的侄女，两人感情很好。后来因为他母亲不喜欢这位媳妇，放翁又不忍出其妻，将她居住到另一个地方，但终因迫于母命而分开了。唐琬不得已改嫁给当时的宗室赵士程。有一年正月，两人相遇在城南禹迹寺（今尚存，建筑物已重建）沈氏园，酒间放翁赋《钗头凤》一词。题于壁间，词云："红酥手，黄滕酒，满城春色宫墙柳。东风恶，欢情薄，一怀愁绪，几年离索。错，错，错！　春如旧，人空瘦，泪痕红浥鲛绡透。桃花落，闲池阁。山盟虽在，锦书难托。莫，莫，莫！"唐琬的和词云："世情薄，人情恶，雨过黄昏花易落。晓风干，泪痕残，欲笺心事，独语斜阑，难，难，难！人成各，今非昨，病魂常似秋千索。角声寒，夜阑珊，怕人寻问，咽泪妆欢，瞒，瞒，瞒！"这是绍兴廿五年（公元一一五五年），放翁三十一岁。不久唐琬死，这对放翁当然是一个刺激，这刺激与隐痛可说一直延续到他将死。绍熙三年（公元一一九二年）放翁六十八岁，又作了一首诗，序云："禹迹寺南有沈氏小园，四十年前尝题小词一阕壁间，偶复一到，而园已三易主，读之怅然。"诗云："枫叶初丹槲叶黄，河阳愁鬓怯新霜。林亭旧感空回首，泉路凭谁说断肠。坏壁醉题尘漠漠，断云幽梦事茫茫。年来妄念消除尽，回向蒲龛一炷香。"放翁晚年是住在城外鉴湖畔的山上，每次入城，必登寺眺望沈园一番，因此又赋了二首。诗说："梦断香消四十年，沈园柳老不飞绵。此身行作稽山土，犹吊遗踪一泫然。""城上斜阳画角哀，沈园无复旧池台。伤心桥下春波绿，曾是惊鸿照影来。"第二首诗的末后两句写得那么真挚，今日熟悉这诗的游客过春波桥[1]，望了桥下清澈的流水，总要想起这两句来。此时的放翁已七十五岁了。到开禧元年（公元一二〇五年），放翁八十岁那年，又作了《岁暮梦游沈

---

[1]　绍兴同样尚有一座春波桥在城外。宝庆《会稽志》云："在会稽县东南五里，千秋鸿禧观前，贺知章诗云：'离别家乡岁月多，近来人事半消磨。唯有门前鉴湖水，春风不改旧时波。'故取此桥名。"现在沈园前的春波桥，正对禹迹寺，嘉泰《会稽志》及乾隆《绍兴府志》均名禹迹寺桥，清光绪时重修，改名为春波桥。

氏园》的二首诗："路近城南已怕行，沈家园里更伤情。香穿客袖梅花在，绿蘸寺前春水生。""城南小陌又逢春，只见梅花不见人。玉骨久成泉下土，墨痕犹锁壁间尘。"已是垂老的情怀，尚是难忘这段旧事。

我们谈了这一些诗词，使人很清楚的明白了这一个故事与沈园及春波桥的由来，但见文字是那么平易能懂，情感与意思是那么的深刻动人。如今人民政府已将沈园修复，又添设了纪念馆。旧社会一去不复返，旧的封建制度再也不会再来。我想放翁地下有知，亦当含笑于九泉了。

香港《文汇报》

一九六三年十月二日

此园浙中数第一

——记海盐绮园

　　一别绮园已是二十三年，很想再去望望这位"故人"，因为经过十年"浩劫"不知还健在否？去冬经过海盐，晓得它无恙，那天是阴雨，所以没有停车。最近特地去见它，真是惊喜交并，园尚在而宅将全亡，听说是迎新（住宅）弃旧（建筑），将大木材化为家具，美其名是分废料而落入"民家"。将一座很完整，而艺术水平亦很高的宅园，弄得不成整体了。但是维纳斯雕像虽残了手，终是一具千古不朽的作品。

　　吴兴、嘉兴二地南宋以后多园林，吴兴今以南浔为鲁殿灵光，嘉兴则此海盐绮园硕果仅存了。但是我们从已存极少量的浙江园林来说，绮园可说唯我独尊，"浙中第一"。

　　绮园在海盐城内，清同治十年（一八七一年）冯缵斋以其外家王氏（王燮靖婿）旧园重修，园实为明代所遗。在住宅的东北，宅额三乐堂，厅楼高敞，结构极精。园自西侧门入口，中建花厅，前架曲桥，隔池筑假山，水绕厅东流向北，布局与苏州拙政园极似，水穿洞至后部大池。其游径是由山洞、岸道、飞梁以及低于地面的隧道等组成，构成复杂的迷境。为江南园林所仅见。厅后以小山作屏，有峰名"美人照镜"殊硕秀。山后大池亘以东西向与南北向二堤，后者贯以虹桥，桥东筑扇面亭，园之东北隅，障以大山，达山巅有亭翼然，登亭全园在望，下瞰近处深谷，谷下蓄水潭，复小桥，涓涓清流，是该园一大妙笔处。池西北有水阁，横卧波面，与对岸虹桥相呼应。池水荡漾，古树垂荫，是一幅湿润江南小景，支流宛转，绕山成景，因此我初到此，便得"水随山转，山因水活"的叠山理水园论。西北山高，前后皆有景，故多余韵。其所以能颉颃苏、扬二地园林者，山水实兼两者之长。故变化多、气魄大，但又无苏州之纤巧、扬州之生硬，此亦浙中气候物质之天赋，文化艺术之能兼收所致。但三地园林相互影响，孰前孰后，在此园中颇堪寻味，实为研究造园学与园林史之重要实例。

如今这园的管理，很不够重视与理想，堂轩皆未开放，任其扃闭，动物进园，咆哮怒目。环园皆高层建筑，放眼无从。看来地方上对它太不够认识，我说绮园是海盐的眼睛，亦是浙江的明珠，望勿等闲视之。

一九五三年四月

上海的豫园与内园

　　豫园与内园皆在上海旧城区城隍庙的前后，为上海目前保存较为完整的旧园林。上海市文化局与文物管理委员会十分重视这个名园，除加以管理外，并逐步进行了修整，给人口密度最多的地区以很好的绿化环境，作为广大人民游憩的地方，充分发挥了该园的作用。年来我参与是项工作，遂将所见，介绍于后：

　　一、豫园是明代四川布政使上海人潘允端为侍奉他的父亲明嘉靖间尚书潘恩所筑，取"豫悦老亲"的意思，名为豫园。从明朱厚熜（世宗）嘉靖三十八年（公元一五五九年）开始兴建，到明朱翊钧（神宗）万历五年（公元一五七七年）完成，前后花了十八年工夫，占地七十余亩，为当时江南有数的名园（潘宅在园东安仁街梧桐路一带，规模甲上海，其宅内五老峰之一，今在延安中路旧严宅内）。十七世纪中叶，潘氏后裔衰落，园林渐形荒废。清弘历（高宗）乾隆二十五年（公元一七六〇年），该地人士集资购得是园一部分，重行整理。当时该园前面已在清玄烨（圣祖）四十八年（公元一七〇九年）筑有"内园"，二园在位置上所在不同，就以东西园相呼，豫园在西，遂名"西园"了。清道光间，豫园因年久失修，当时地方官曾通令由各同业公所分管，作为议事之所，计二十一个行业各处一区，自行修葺。旻宁（宣宗）道光二十二年（公元一八四二年）鸦片战争时，英兵侵入上海，盘踞城隍庙五日，园林遭受破坏。其后奕詝（文宗）咸丰十年（公元一八六〇年），清政府勾结帝国主义镇压太平天国革命，英法军队又侵入城隍庙，造成更大的破坏。清末园西一带又辟为市肆，园之本身益形缩小，如今附近几条马路如凝晖路、船舫路、九狮亭等，皆因旧时凝晖阁、船舫厅、九狮亭而得名的。

　　豫园今虽已被分隔，然所存整体，尚能追溯其大部分。上海市的新规划，将来是要将它合并起来的。今日所见豫园是当年东北隅的一部分，其布局以大假山为主，其下凿池构亭，桥分高下。隔水建阁，贯以花廊，而支流弯转，折入东部，复绕以山石水阁，因此山水皆有聚有散，主次分明，循地形而安排，犹是明代造园的一些好方法。

　　萃秀堂是大假山区的主要建筑物，位于山的东麓，系面山而筑。山积土累黄石而成，出叠山家张南阳之手，为江南现存最大黄石山。山路泉流纡曲，有引人入胜之感。自萃秀堂绕花廊，入山路，有明祝枝山所书"溪山清赏"的石刻，可见其地境界之美。达巅有平台，坐此四望，全园景物坐拥而得。其旁有小亭，旧时浦江片帆呈现槛前，故名"望江亭"。山麓临池又建一亭，倒影可鉴。隔池为仰山堂，系二层楼阁，外观形制颇多变化，横卧波面，倒影清晰。水自此分流，西北入山间，谷有瀑注池中。向东过水榭绕万花楼下，虽狭长清流，然其上隔以花墙，水复自月门中穿过，望去觉深远不知其终。两旁古树秀石，阴翳蔽日，意境幽极。银杏及广玉兰扶疏接叶，银杏大可合抱，似为明代旧物。大假山以雄伟见长，水池以开朗取胜，而此小流又以深静颉颃前二者了。在设计时尤为可取的，是利用清流与复廊二者的联系，而以水榭作为过渡，砖框漏窗的分隔与透视，顿使空间扩大，层次加多，不因地小而无可安排。

小溪东向至点春堂前又渐广（原在点春堂前西南角建有洋楼，一九五八年拆除，重行布置）。"凤舞鸾鸣"为三面临水之阁，与堂相对。其前则为和煦堂，东面依墙，奇峰突兀，池水潆回，有泉瀑如注。山巅为快阁，据此东部尽头西眺，大假山又移置槛前了。山下绕以花墙，墙内筑静宜轩。坐轩中，漏窗之外的景物隐约可见，而自外内望又似隔院楼台，莫穷其尽。点春堂弯沿曲廊，可导至情话室，其旁为井亭与学圃。学圃亦踞山而筑，山下有洞可通。点春堂，在清奕詝（文宗）咸丰三年（公元一八五三年）上海人民起义时，小刀会领袖刘丽川等解放上海县城达十七个月，即于此设立指挥所，因此也是人民革命的重要遗迹。

二、内园原称"东园"，建于清玄烨（圣祖）康熙四十八年（公元一七〇九年）。占地仅二亩，而亭台花木，池沼水石，颇为修整，在江南小型园林中，还是保存较好的。晴雪堂为该园主要建筑物，面对假山，山后及左右环以层楼，为此园之主要特色，有延清楼、观涛楼等。耸翠亭出小山之上，其下绕以龙墙与疏筠奇石。出小门为九狮池，一泓澄碧，倒影亭台，坐池边游廊，望修竹游鱼，环境幽绝。此池面积至小，但水自龙墙下洞曲流出，仍无局促之感。从池旁曲廊折回晴雪堂。观涛楼原可眺黄浦江烟波，因此而定名，今则为市肆诸屋所蔽，故仅存其名了。

清代造园，难免在小范围中贪多，亭台楼阁，妄加拼凑，致缺少自然之感，布局似欠开朗。内园显然受此影响，与豫园之大刀阔斧的手笔，自有轩轾。然此园如九狮池附近一部分，尚曲折有致，晴雪堂前空间较广，不失为好的设计。

总之，二园在布局上有所差异，但局部地方如假山的堆砌，建筑物的零乱无计划，以及庸俗的增修，都是清末叶各行业擅自修理所造成的后果。今后在修复工作中，还是要留心旧日规模，去芜存菁，复原旧观才是。

其他如大荷池、九曲桥、得月楼、环龙桥、玉玲珑湖石、九狮亭遗址等，均属豫园所有，今皆在市肆之中，故不述及。（作者按，在一九五八年的兴修中，玉玲珑湖石及九狮亭、得月楼等皆复原，并在中部开凿了大池。）

《文物参考资料》
一九五七年第六期

豫园顾曲

　　最近这一年多来，为了豫园东部的设计与施工，几乎隔日在乍现水石风光的土地上，回到家中，一个人在小斋沉思，园景曲情，徘徊周旋在我脑间，我幻想着在明代，当时的亭廊水榭如何？这些建筑中又怎样传出了婉转的曲声歌喉，笛韵人情，那种雅淡高洁，明代人的园林意境，如何重新表达出来，的确是耐人寻味与深思，往往在安排一门半墙，一湾曲水，都环绕着在景之外，如何能与曲境相配合。我曾说过，园境即曲境也，而曲又在园中演唱，景又烘托曲的效果，使景与曲交融着，表现出实中现虚，虚以托实的手法。

　　明代园林离不开顾曲，这个问题今人每每忽视，仅言诗情画意，而忘却了曲味，老实说我爱好园林，却是在园中听曲，勾起了我的深情的，到今天我每在游客稀少的园子中便仿佛清歌乍啭，教人驻足，而笛声与歌声通过水面、粉墙、假山、树丛传来更觉得婉转、清晰、百折千回的绵延着，其高亢处声随云霄，其低徊处散入涟漪，真是行云流水，仙子凌波，陶醉得使人进入难言的妙境。俞平伯先生说得好："我屏息而听，觉得胸膈里的泥土气，渐渐跟着飘渺的音声袅荡为薄烟为轻云了。"
俞先生是文学界老前辈，又是一门酷爱昆曲，可说是昆曲世家，
过去他还住在北京老君堂的室中，我们住在院子中拍曲，桐荫
深处，新月初升，这种使人难以忘怀的情象，到今日还欲去还
来，逡巡在脑际，这是中国文化与文学的高度享受。

　　似乎我在考虑豫园设计时，已超出了今日设计园林常规，
在顾曲上做文章了，但是无可否认的，功能要影响形式的，因
为明人，在园子中要拍曲，在建筑与水的关系上是特别注意的，
因此建筑物用卷棚顶，又且临水，这是拍曲听歌的好地方，我
在这次豫园东部的重建时，就紧紧地安排这种场合，所以建筑
中厅廊亭皆临水、依水、面水，可以说无一处皆不宜拍曲，就
是水廊也有砖砌平顶，这样使声响效果好，至于曲折高下，水
石萦回，都能体现出曲的婉约细腻的特征，我自己这样想，不
久建成后，我将邀上海昆剧团华文漪、梁谷音、岳美缇等来园
一试，她们三人来仅有顾兆祺一支笛，凭着几位的珠喉，唱得
实在动人了，处处与园林景物节奏相符，这种一笛的清唱，纯
洁、冷隽，沁人心脾，比舞台上更亲切、恬静，演唱者与听者
一点隔阂也没有，文漪的婉娈，谷音的爽朗，美缇的雅秀，曲
似其人，人如其曲，她们雅爱园林，深知园林美与昆曲美，因
此沉醉在《牡丹亭》、《玉簪记》、《西厢记》等以园林为背景的
曲情中，真是我们园林工作者不妨一试的事物。

　　中国园林张灯，为古来盛事，诗文中咏之者极多，苏州网
师园张灯，万人空巷。豫园今后也要张灯，人影衣香，飘渺于
楼台泉石之间，水边闻笛，花下听歌，真正欣赏一下中国园林

的妙处。

　　豫园又移建了一座古典戏台，那在上海是最典雅与精致了，将来打算在这里演昆剧，目前正在设计戏楼。将在第三期工程中进行。到建成后，豫园顾曲与演剧必成为一个最精彩的旅游项目，用来欢迎招待世界各国朋友，观看这中国的莎士比亚。想来为期不远了。

豫园四百周年前夕

嘉定秋霞圃和海宁安澜园

秋霞圃

江南一带是明清私家园林最集中的地方。自明嘉靖以后，士大夫阶级生活日趋豪华，往往自建园林，寄情享乐，嘉定秋霞圃即建于此时。

秋霞圃在上海市嘉定城内城隍庙，创建于嘉靖年间，到万历、天启时，又加以扩充修建。据同治《嘉定县志》卷三十所载，系当时尚书龚宏的住宅，因又称"龚氏园"。园中有数雨斋、三隐堂、松风岭、寒香室、百五台、岁寒径、洒雪廊等。到明末龚姓衰败了，由龚宏的曾孙龚敏行出售给安徽盐商汪姓，后又一度归还龚姓。清雍正四年（公元一七二六年）又辗转由汪姓售与邑庙，后改称"城隍庙后园"，作了官僚地主酬神宴客及清谈娱乐的所在。从清初到中叶，中国园林已发达到了高峰，正如《扬州画舫录》所载的扬州地方，除奢侈华丽的盐商别墅外，连寺庙、书院、餐馆、歌楼、浴室等，都开池筑山，栽植花木，如青浦邑庙曲水园，上海邑庙豫园、内园，常熟城隍庙后园等。秋霞圃也就是在这时变为城隍庙后园的，可见当时的风尚了。

秋霞圃自作城隍庙后园后，住宅部分就改建为城隍庙。据张大复《梅花草堂笔记》所说，"其后人（指汪姓）贫乃拆此宅"可知。这园的总平面为长方形，中间为一狭长水池。池北主要建筑为四面厅，名"山光潭影"。厅西有黄石假山一座，所叠石壁绝佳。山上筑亭名"即山"，登亭可俯瞰全园，远眺城乡。北部墙外原有环水，今已涸。假山下有洞名"归云"。山后北麓筑一轩名"延绿"，与四面厅相接连。隔水为大假山，积土缀湖石而成。曲岸断续，水口湾环，泉流仿佛出自山中，复汇于池内，又溢出于园外。临水断岸处则架以平桥，人临其上，宛如凌波，与对岸黄石假山临水手法，有异曲同工之妙。不过南岸以玲珑取胜，北岸则以浑成见长。因园外无景可借，故南北皆叠山，上植落叶乔木，疏密有致，身临其境，顿觉园林幽邃，不知尽端所在。这种山巅多植落叶乔木手法，在园林实例中很多，如苏州的沧浪亭、留园等都是如此，不但气象开朗，而且景物变化亦大，春夏时浓郁，秋冬时萧疏，给人以不同季节的感觉。较之惯用常绿树的园林，风格有所不同。北岸临水有扑水亭，又名"宜六亭"，横卧波上，仰望山石嶙峋，又一园的胜处。西部尽端有一组建筑物，面水为丛桂轩，其南为池上草堂。轩西南各有一小院，内置湖石、芭蕉、修竹等，是轩外极好留虚的地方。折东为旱船，名"舟而不游轩"，亦紧倚池旁。池东有堂名"屏山堂"，与丛桂轩互为对景。其前有三曲桥，曲折可通南部假山。堂左右缀以花墙，凝霞阁踞东墙外，登阁上则全园风景即在眼底。阁前月门内有枕琴石及亭。该处地面较低，似自成一区，远望仿佛为池，即所谓"旱园水做"的假象办法。

这园从整个来说，池面北部为四面厅及扑水亭等建筑衬托在北山之下，似以建筑为主，而南部则以大假山为主，以旱船为辅。用华丽与天然相对比，对比中又有变化。池水因园小，故用聚的方法，位于园西部中央，看上去仿佛是一园的中心，但复用曲岸石矶等形成聚中有分。为了不使水面分隔过小，桥皆设于池的四周；用环形交通线，系与园林用曲廊与曲径环绕同一办法。根据地形与水面的距离等情况，直中有曲、曲中有直，使两侧的风景面，在顾盼时略作转动变化。南北两岸是以山石和建筑物互为对景。从山石看来，以南面前后二座为主，而山坳中高林下的曲径，却是一个大手笔，这在江南私家园林中还不多见。北部则以建筑物为主，却用较小的黄石假山为辅。以建筑而论，应以北岸为主，以其体积及数量皆过于南部。池东西两侧，用小型建筑物互为呼应，而东部花墙外的凝霞阁又与西部互为借景。就苏南诸园而论，其设计手法仍属上选。江南私家园林在设计时，与假山隔水的建筑物，往往距山石不远。因为假山不高，其后复为高墙而无景可借，所以在较近的距离之下，仅见山的片断，即是深谷石矶、峰峦古木、亦皆成横披小卷；如墙外有景可借，则在平岗曲岸衬托之下，便是直幅长轴。此观苏州诸园与无锡、常熟诸园，便可分晓。前者墙外无景，后者有惠山与虞山可借。秋霞圃的水面狭长，使扑水亭较近南部假山，丛桂轩与旱船更近北部假山，延绿轩则又隐于山后，就是应用前者手法。叠山以时期而论，北部黄石假山结构浑成，石壁山洞的结构、山径的安排及亭的设置，略低于山巅平台等处理，皆为明代假山惯用手法，与上海豫园的手法相类似，应为明代嘉靖间原构，时间可能仿佛于豫园。而南部的湖石露土假山，屡经修建，已损坏甚多。该园原来还有很多建筑，见于记载的有籁隐山房、环翠轩、闲研斋、蘋藻香室、枕流漱石轩、碧光亭、畅堂、临清室、大门等，今或不存，或已改建。东部花墙外，尚余立峰及花木，房屋则已改建校舍。西部则为园的主要部分，今假山、树木尚完整。

安澜园

一九六〇年二月，我与浙江省文物管理委员会朱家济同志赴浙江海宁盐官镇（旧海宁城）调查了安澜园遗址及陈宅建筑。返沪后，承陈赓虞先生出示其珍藏的《安澜园图》。按图与遗址相校勘，再征之文献，当时情况尚能仿佛。

安澜园为明清两代江南名园之一。清弘历（乾隆）南巡六次，除第一次（乾隆十六年——公元一七五一年）、第二次（乾隆二十二年——公元一七五七年）两次未到海宁外，曾四次"驻跸"此园（乾隆二十七年——公元一七六二年，乾隆三十年——公元一七六五年，乾隆四十五年——公元一七八〇年，乾隆四十九年——公元一七八四年）。乾隆二十七年第三次南巡后，并将安澜园景物仿造到北京圆明园中的"四宜书屋"前后，于乾隆二十九年（公元一七六四年）建成，亦名其景为安澜园。① 如今二园俱废。

安澜园原系南宋安化郡王王沆故园（见《海昌胜迹志》），明万历间，陈元龙的曾伯祖与郊（官太常寺少卿）就其废址开始建造。因园在海宁城的西北隅，以西北两面城墙为园界（园门地点今称北小桥），而陈与郊又号隅阳，所以用"隅园"命名，当地人则呼为"陈园"。隅园时期仅占地三十亩。从明代王穉登《题西郊别墅诗》"小圃临湍结薜萝"及"只让温公五亩多"之句来看，足征此园并不大。到明末崇祯间葛徵奇《晚眺隅园诗》"大小涧壑鸣"、"百道源相通"，陆嘉淑《隅园诗》"百顷涵清池"与"池阳台外水连天"等句来看，园之水面渐广，景物又胜于前了。到清初略受损坏（见徐灿《拙政园诗余集》〔徐为陈之遴妻〕），雍正时已到"岁久荒废"的地步（从周按，玄烨〔康熙〕"南巡"时未至海宁）。雍正十一年（公元一七三三年），陈元龙八十二岁以大学士乞休归里，就隅园故址扩建，占地增至六十余亩，更名"遂初"，胤禛（雍正）赐书堂额"林泉耆硕"四字。从陈元龙的《遂初园诗序》来看，"园无雕绘，无粉饰，无名花奇石，而池水竹石"，以"幽雅古朴"见称，则还是保存了明代园林的特色。陈元龙活到八十五岁殁于乾隆元年（公元一七三六年），殁后其子邦直（官翰林院编修）园居近三十年（乾隆四十二年——公元一七七七年，八十三岁去世），在乾隆二十七年第三次南巡时，"复增饰池台"，虽较遂

---

① 见《日下旧闻考》卷八十二及清高宗御制《安澜园记》。

初园时代华丽一些，不过尚是"以朴素当上意"的。① 从乾隆二十七年到四十九年的二十二年中，园主为了讨好封建帝王与借此增加个人的享受，陆续添建，扩地至百亩，楼台亭榭增至三十余所。而园名则于乾隆第三次南巡时赐名"安澜园"②，因地近海塘，取"愿其澜之安"的意思③。因为封建帝王四次"驻跸"其间，复经陈氏的踵事增华，遂成为当时江南名园。沈三白《浮生六记》卷四谓："游陈氏安澜园，地占百亩，重楼复阁，夹道回廊，池甚广，桥作六曲形，石满藤萝，凿痕全掩，古木千章，皆有参天之势，鸟啼花落，如入深山，此人工而归于天然者。余所历平地之假石园亭，此为第一。曾于桂花楼中张宴，诸味尽为花气所夺。"这是乾隆四十九年八月所记，正是弘历第六次南巡、第四次到安澜园之后，即该园全盛时期。沈三白对园林欣赏有一定的见解，他对当时苏州名园之一的狮子林假山，还认为没有山林气势，面对这园的评价有如此之高，可以想见其造园艺术的匠心了。陈瑑卿于嘉庆末作《安澜园记》，描绘得相当细致④，是该园全盛时期结束开始衰落时的记录。到道光间，园渐衰废，陈其元《庸闲斋笔记》卷一："道光（八年）戊子（公元一八二八年），余年十七，应戊子乡试，顺道往海宁观潮，并游庙宫及吾家安澜园，时久不南巡，只十二楼新

---

① 见陈瑑卿《安澜园记》。

② 见《南巡盛典》卷一百五。乾隆二十七年高宗御制驻跸陈氏安澜园即事杂咏六首。

③ 见清高宗御制《安澜园记》。又乾隆二十七年高宗御制驻跸陈氏安澜园即事杂咏六首："安澜祝同郡。"

④ 见《海昌胜迹志》。

茸（从周按，十二楼为私家园林中仅见之例，锺大源《安澜园十六咏》有'一月一登楼，阑干闲倚遍'句）此外，台榭颇多倾圮，而树石苍秀奇古，池荷万柄，香气盈溢。梅花大者夭矫轮囷，参天蔽日，高宗皇帝诗所谓'园以梅称绝'者是也。厅中设御座……"管庭芬道光间《过陈氏安澜园感怀诗》有句云："残碣依然题藓字，闲阶到处长苔钱。""垣墙缺处补荆榛，竟有苫茇雉兔人。""回廊渐长野蔷薇，瓦压文窗草没扉。""尘凝粉壁留诗迹，风接朱棂任鸽飞。"该园已成"儿童不知游客恨，放鸽驱羊闹水涯"了。咸丰七八年间（公元一八五七至一八五八年）被毁，旋为其子孙拆卖尽。[1] 同治间，陈其元重至该园时，据他所写的《庸闲斋笔记》卷一："同治（十二年）癸酉（公元一八七三年）重游是（安澜）园，已四十六载矣。……尺木不存，梅亦根株俱尽，蔓草荒烟，一望无际，有黍离之感。断壁间犹见袁简斋先生所题诗一绝云……以后则墙亦倾颓不能辨识矣。"这时的安澜园几乎全废了。据冯柳堂著《乾隆与海宁陈阁老》一书所载，及前辈郑晓沧教授所云：在清末该园一隅建达材高等小学，校舍原有盘根老树皆不存。校舍以外，丘陵起伏，桥池犹存，残垣有时剥去白垩，赫然犹是黄墙。民初园址辟为农场，尽成桑田。石之佳者又为邻园吴姓小园（吴芷香建）移去。今日我们只能见到部分土阜与零星黄石而已。水面亦被填塞一部分。六曲桥尚存，低平古朴，宛转自如，确是明代的遗物。至于弘历"御碑"已折断，易地置于断垣中。"筠香

---

[1] 见管庭芬跋陈瑸卿《安澜园记》。

馆"一额亦系弘历"御笔",边框制作成竹节状,甚精,现移悬于陈宅中。

《安澜园图》今传世的有乾隆三十六年（公元一七七一年）所刊《南巡盛典》中的"安澜园图"。陈氏后裔陈赓虞先生所藏《陈园图》及钱镜塘先生藏《海宁陈园图》①,据朱启钤师及单士元先生说,闻故宫尚有藏本。清末海宁朱克勤先生曾有另一《安澜园图》,不知是否即钱镜塘先生的一本（一说为直幅）？钱本今藏浙江博物馆,与《陈园图》相似。如今根据遗址并陈元龙《遂初园诗序》、陈瑝卿《安澜园记》,与两图相勘校,皆能符合。《南巡盛典》所载《安澜园图》与陈元龙《遂初园诗序》中所记吻合,则是该园早期景状,还存遂初园时期的样子。其后经过乾隆三次"驻跸"其间,陈氏屡承"宠锡",于是园林更修筑得讲究与豪华了。尤其乾隆四十九年（公元一七八四年）弘历第六次南巡（第四次到安澜园）,还带了他的十五子颙琰（嘉庆）、十一子永瑆及十七子永璘同到海宁,在《陈园图》中可以看到有太子宫的一组建筑,大约为当时皇子居住之处,其他更有"军机处"的一组行政性建筑,都是这图中特出的地方。再从绘画笔调与原装用绫来看,亦属嘉庆间物,图中景物又复与陈瑝卿所记相符,则《陈园图》之作是安澜园全盛时期后的写本,为今日研究安澜园的最具体与完整的资料了。至于乾隆的四次到安澜园,每次皆有叠韵的即事诗六首,遍刻于"御碑"四面,亦涉及一些园中景物。此园借景其南的安国寺,寺旧有

---

① 钱氏所藏《海宁陈园图》与陈赓虞先生所藏之图系同出一稿,钱图似晚出。

罗汉堂，康熙六年（公元一六六七年）海宁人张行极建，造像亦精，弘历于乾隆三十九年（公元一七七四年）曾仿造于承德外八庙。

陈氏在海宁城内的建筑，除安澜园与瓦石堰下老宅（陈元龙爱日堂）外，尚有其侄陈邦彦的春辉堂新宅等十处。今仅爱日堂尚存门厅一，及东路双清草堂与其后小厅三处。双清草堂为花厅，面阔三间，用四个大翻轩构成，在江浙是第一次见到；为当年陈元龙退居之处，额出陈奕禧手。厅后以廊与小厅三间相贯，今筠香馆额所在处，其间置湖石一区，颇楚楚有致。双清草堂西，今尚有罗汉松一株，大可合抱，似为明以前物。此宅临河，大门北向，居住部分皆倒置易为南向。门前尚留巨大旗杆，则为隔河康熙时杨雍建宅物。

《文物》

一九六三年第二期

恭王府与大观园

今年是《红楼梦》作者曹雪芹二百周年逝世纪念。记得前年冬天，与王昆仑、何其芳诸同志在北京调查什刹海附近恭王府的情形，其间景物，至今犹历历在目。

谈到恭王府的建筑，在北京现存诸王府中，布置最精，且有大花园，从建筑的规模来谈，一向有传说它是大观园。恭王府的布局，与一般王府没有什么大的不同，不过内部装修特精，为北京旧建筑中所少见的，如锡晋斋（有疑为贾母所居之处），便可与故宫相颉颃了。①花园中的蝠厅，平面如蝙蝠，故称"蝠厅"。居此厅中，自朝至暮皆有日照，可称是别具一格的园林厅事，而大戏厅则为可贵的戏剧史上的重要实例。恭王府的建筑共三路，可分为前后二部，前为王府部分，大厅已毁，二厅

---

① 俞同奎《伟大祖国的首都》"恭王府花园"条："花园在恭王府后身，府系清乾隆时和珅之子丰绅殷德娶和孝固伦公主赐系。公元一七九九年（清嘉庆四年）和珅籍没，另给庆禧亲王为府第。约公元一八五一（清咸丰间）改给恭亲王，并在府后添建花园。园中亭台楼阁，回廊曲榭，占地很广，布置也很有丘壑，私人园圃，尚不多见。"足证恭王府花园之建造年代。但据余实地勘查，府在乾隆前早有建筑，恭王府时所建筑，当为今存云片石所叠假山与若干亭廊轩之属，未可一言概之，皆为后期所建。

即正房所在，其西有一组建筑群，最后的一进，便是悬"天香庭院"的垂花门，由此进入锡晋斋。这是王府的精华所在，院宇宏大，廊庑周接。斋为大厅事，其内用装修分隔，洞房曲户，回环四合，确是一副大排场。再后为约一百六十米的长楼及库房，其置楼梯处，堆以木假山，则又是仅见之例。其后为花园的正中，是最饶山水之趣的地方。其东有一院，以短垣作围，翠竹丛生，而廊回室静，帘隐几净，多雅淡之趣。院北为戏厅。最后亘于北墙下，以山作屏者即"蝠厅"。西部有榆关、翠云岭、湖心亭诸胜。这些华堂丽屋，古树池石，都使我们游者勾起了红楼旧梦。有人认为恭王府是大观园的蓝本，在无确实考证前，没法下结论。目前大家的意见，还倾向说"大观园"是一个南北名园的综合，除恭王府外，曹氏描绘景色时，对于苏州、扬州、南京等处的园林，有所借镜与掺入的地方，成为"艺术的概括"。苏州的一些园林，曹氏自幼即耳濡目染。扬州是雪芹祖父曹寅官两淮盐运使的地方，今日大门尚存，从结构来看，还是乾隆时旧物。南京呢？曹氏世代为江宁织造，有人考证说大观园即隋园，亦似有其据。另外，旧江宁织造署内尚悬有红楼一角的匾，或者也与《红楼梦》有些关系。

北京本多私家园林，以曹氏之显宦，曹雪芹不是见不到的。当时大学士明珠（纳兰性德之父）府第，在什刹海附近，亦是名园之一。曹家与纳兰家有往还，是应该没有问题的。叶恭绰先生跋张纯修（见阳）《楝亭（曹寅）夜话图咏》（纳兰性德殁后，曹寅与施世纶及张纯修话性德旧事）："《红楼梦》一书，世颇传为记纳兰家事，又有谓曹氏自述者，此时顿令两家发生联系，亦言红学者所宜知也。"图中楝亭自题诗云:"家家争唱饮水词，那拉心事几人知。布袍廓落任安在，说向名场此一时。"又云:"而今触绪伤怀抱。"（与集载句有出入）又纳兰性德"随驾南巡"，寓曹氏家衕。雪芹为《红楼梦》，虽自叙家世，亦必借材纳兰。如纳兰为侍卫，宝房中有弓矢；在纳兰词中，宝钗、红楼、怡红诸字屡见。又有和湘真词，似即红楼之潇湘妃子。那么雪芹在描写大观园景物时，对当时明珠府第安有不见之理，而不笔之于文的呢？今日有人建议以恭王府为曹雪芹纪念馆，用来纪念这一位历史上的大文学家，如能实现，也算得一件令人欣慰的事。（参看拙作《恭王府小记》，载《红楼梦学刊》第二辑。）

香港《文汇报》
一九六三年十一月九日

恭王府小记

　　是往事了！提起神伤。却又是新事，令人兴奋。回思一九六一年冬，我与何其芳、王昆仑、朱家溍等同志相偕调查恭王府（相传的大观园遗迹），匆匆已十余年。何其芳同志下世数载，旧游如梦！怎不令不黯然低徊。去冬海外归来，居停京华，其庸兄要我再行踏勘，说又有可能筹建为曹雪芹纪念馆。春色无边，重来天地，振我疲躯，自然而然产生出两种不同的心境，神伤与兴奋，交并盘旋在我的脑海中。

　　记得过去看到英国出版的一本 Orvald Sirien 所著的《中国园林》，刊有恭王府的照片，楼阁山池，水木明瑟，确令人神往，后来我到北京，曾涉足其间，虽小颓风范而丘壑独存，红楼旧梦一时涌现心头。这偌大的一个王府，在悠长的岁月中，它经过了多少变幻。"词客有灵应识我"，如果真的曹雪芹有知的话，那我亦不虚此行了。

　　恭王府在什刹海银锭桥南，是北京现存诸王府中，结构最精，布置得宜，且拥有大花园的一组建筑群。王府之制，一般其头门不正开，东向，入门则诸门自南往北，当然恭王府亦不例外，可惜其前布局变动了，尽管如此，可是排场与气魄依稀当年。围墙范围极大，唯东侧者，形制极古朴，"收分"（下大上小）显著，做法与西四羊市大街之历代帝王庙者相同，而雄伟则过之。此庙为明嘉靖九年（公元一五三〇年）就保安寺址创建，清雍正七年（公元一七二九年）重修。于此可证恭王府旧址由来久矣。府建筑共三路，正路今存两门，正堂（厅）已毁，后堂（厅）悬嘉乐堂额，传为乾隆时和珅府之物。则此建筑年代自明。东路共三进，前进梁架用小五架梁式，此种做法，见明计成《园冶》一书，明代及清初建筑屡见此制，到乾隆后几成绝响。其后两进，建筑用材与前者同属挺秀，不似乾隆时之肥硕，所砌之砖与乾隆后之规格有别，皆可初步认为康熙时所建。西路亦三进，后进垂花门悬"天香庭院"额，正房有匾名"锡晋斋"，皆为恭王府旧物。柱础施雕，其内部用装修分隔，洞房曲户，回环四合，精妙绝伦，堪与故宫乾隆花园符望阁相颉颃。我来之时，适值花期，院内梨云、棠雨、丁香雪，与扶疏竹影交响成曲，南归相思，又是天涯。后部横楼长一百六十米，阑干修直，窗影玲珑，人影衣香，令人忘返。其置楼梯处，原堆有木假山，为海内仅见唯一孤例。就年代论此楼较迟。以整个王府来说似是从东向西发展而成。

楼后为花园，其东部小院，翠竹丛生，廊空室静，帘隐几净，多雅淡之趣，虽属后建，而布局似沿旧格，垂花门前四老槐，腹空皮留，可为此院年代之证物。此即所谓"潇湘馆"。而廊庑周接，亭阁参差，与苍松翠柏，古槐垂杨，掩映成趣。间有水石之胜，北国之园得无枯寂之感。最后亘于北垣下，以山作屏者为"蝠厅",抱厦三间突出,自早至暮,皆有日照,北京唯此一处而已,传为怡红院所在,以建筑而论,亦属恭王府时代的,左翼以廊,可导之西园。厅前假山分前后二部,后部以云片石叠为后补,主体以土太湖石叠者为旧物,上建阁,下构洞曲,施石过梁,视乾隆时代之做法为旧,山间树木亦苍古。时期固甚分明。其余假山皆云片石所叠,树亦新,与其附近鉴园假山相似,当为恭王时期所添筑。西部前有"榆关"、"翠云岭"亦后筑。湖心亭一区背出之,今水已填没,无涟漪之景矣。园后东首的戏厅,华丽轩敞,为京中现存之完整者。

俞星垣(同奎)先生谓:"花园在恭王府后身,府系乾隆时和珅之子丰绅殷德娶和孝固伦公主赐第。"可证乾隆前已有府第矣。又云:"公元一七九九年(清嘉庆四年)和珅籍没,另给庆禧亲王为府第。约公元一八五一年(清咸丰间)改给恭亲王,并在府后添建花园。"此恭王府由来也。足以说明乾隆间早已形成王府格局,后来必有所增建。

四十年前单士元同志曾写过《恭王府考》载《辅仁大学学报》,有过详细的文献考证。我如今仅就建筑与假山作了初步的调查,因为建筑物的梁架全为天花所掩,无从做周密的检查,仅提供一些看法而已。

在国外,名人故居都保存得很好,任人参观凭吊,恭王府虽非确实的大观园,曹氏当年于明珠府第必有所往还。雪芹曾客南中,江左名园亦皆涉足,故我与俞平伯先生同一看法,认为大观园是园林艺术的综合,其与镇江金山寺的白娘娘水斗、甘露寺的刘备招亲,同为民间流传了的故事。如今以恭王府作为《红楼梦》作者曹雪芹的纪念馆，则又有何不可呢？并且北京王府能公开游览者亦唯此一处。用以显扬祖国文化，保存曹氏史迹，想来大家一定不谓此文之妄言了。

一九七九年五月
写成于同济大学建筑系建筑史教研室

编后记

　　不同于每年盛夏回国，为的是去南北湖在分葬两处的父母墓地默立良久，痴想着何日这对患难恩爱四十余年的夫妻能重逢于九泉之下。今夏则是为暂缓丧夫之痛，"一位天才数学家肖刚的早逝"而归家的。"妻逝世后，益复无聊，生时不解死后之情也。"一九八六年九月二十二日父亲为思妻而记，这又何尝不是我今日之情呢。

　　由江苏文艺出版社和浙江大学出版社合作多年的《陈从周全集》终于问世了，赶着目睹此集，无疑是安抚我流血心痛之药。如今，父亲的书是我唯一的"相伴之侣"了。那日恰遇中华书局编辑方君韶毅叩响家门，将一本邓云乡先生《红楼风俗谭》赠我，也算是"毛遂自荐""不期而遇"吧。谈及明年书局想出一本陈从周先生论园林的书，名《园林清话》，让我选些文章。父亲仙逝已十五年之久，仍有那么多人怀念着他，能为青年编辑所青睐，怎不让我感到欣慰呢。父亲生前希望大家读他的文章，因为他的思想、情感都在他的笔下表露出来了，是最真实全面的，是深刻了解、研究著名园林大师的途径，是最精彩的自传。他的文章集建筑、文学、美学、哲学于一体，将中国古典私人花园与诗文、绘画、昆曲熔为一炉，言"名之为文人园，诗情画意遂为中国园林之主导思想"。臻此高境，论园说景，古今中外恐唯父亲莫及吧。他针砭地方政府及主其事者造"假古董"、荒"古园林"之现状；以"有烟工厂"废"无烟工厂"，"炸石砍林"，谋一时之利，断子孙财源之蠢举，五百多万字多写在"风雨阴霾"中。父亲尤善于捕捉中华南北名园的特征，教你品园，游园，观景，赏景；更教你提高文化修养，脱俗审美，领略常人不解事物。敝屋断垣，残砖碎瓦，野草闲花，他均能感受出它的美、神与迷离，因为"真的，好的东西总是美的，令人留恋"。

今"梓室"早已人去楼空，遵父亲遗言："……我住过的三四七号一室及后面的小花园是我设计建成的，希望能作故居保留……"前年终于下了大决心，我将板壁剥落、管道淤塞、六十年未装修的老屋请友人张君整修了一下。"室雅无须大；花香不在多。"板桥书联仍复挂原处，"明轩"移美之照再重悬壁上……仿佛又见父亲扶杖而归，展纸书画，拍曲吟诗；母亲相伴缝衫补衣，谈世说今，我则依偎于他们膝下……

"梓园"现虽杂草丛生，蚊虫肆虐，修竹成林，围垣拆去，可我仍能依稀寻到父亲当年构园造园之思想："平冈小坡"，"略点顽石"，"幽篁一丛"，"书带草绿"，以有限之地显无限之美。如重见顾廷龙先生所书"梓园"，可谓"园成必题名"，乃"梓翁"残园仍耐看也。

一九八六年初夏，母病逝。父亲遵母亲遗志，以私蓄建

"定亭"于南北湖鸡笼山麓,其目的是将他的构园思想实践于南北湖,也为其风景区添一景。父亲题联以致哀思:"花落鸟啼春寂寂;树如人立影亭亭。"蒋启霆先生书"定亭记"。三十年过去了,仍未见联刻于亭柱,也未见"定亭记"所书,更不解当事人为何迟迟不将父亲题联还归家属。此亭颇有"明轩"之味,亭贴于山墙,略高于草堂,高镇在山石上,仰望"定亭",给人以神秘敬意之感。拾级而上,两湖对山尽收眼底,园中老树参天,现"陈从周艺术馆"、父孤墓处哪及"定亭"存园林大师"风水""对景"佳构之感也。

岁末夜阑,孤灯谁怜我;朔风寒雨,此情谁解我。写下这些算是对逝去的、最爱我的人之怀吧。

陈馨

二〇一五年十二月于尼斯